读红楼，道职场，红学智慧点睛企业精英！

跟《红楼梦》学职场情商

杨　皓◎编著

台海出版社

图书在版编目(CIP)数据

跟《红楼梦》学职场情商 / 杨皓编著.--北京:台海

出版社,2013.9

ISBN 978-7-5168-0263-2

Ⅰ.①跟… Ⅱ.①杨… Ⅲ.①成功心理-通俗读物

Ⅳ.①B848.4-49

中国版本图书馆 CIP 数据核字(2013)第 192051号

跟《红楼梦》学职场情商

编　著:杨　皓

责任编辑:王　品

装帧设计:天下书装　　　　版式设计:通联图文

责任校对:唐　霁　　　　　责任印制:蔡　旭

出版发行:台海出版社

地　址:北京市朝阳区劲松南路 1 号，邮政编码:100021

电　话:010-64041652(发行,邮购)

传　真:010-84045799(总编室)

网　址:www.taimeng.org.cn/thcbs/default.htm

E-mail:thcbs@126.com

经　销:全国各地新华书店

印　刷:北京柯蓝博泰印务有限公司

本书如有破损、缺页、装订错误,请与本社联系调换

开　本:710×1000　　　1/16

字　数:170千字　　　　印　张:15

版　次:2013 年 10 月第 1 版　　印　次:2013 年 10 月第 1 次印刷

书　号:ISBN 978-7-5168-0263-2

定　价:32.80 元

前　言

《红楼梦》从某个角度来说，就是一部女性的职场生存手册。在生活琐事的纠缠之中，在对生命的感悟之中，在对人性的思索之中，我们似乎能在大观园中找到可供参照的坐标系。

站在职场的角度看《红楼梦》，如果你是员工，会选择谁的处世哲学？如果你是老板，会赏识怎样的下属？是黛玉的多才敏感、宝钗的八面玲珑、湘云的心直口快、凤姐的能干泼辣、李纨的从容淡定，还是紫鹃的老实忠心？

如果你是总经理，可以学学贾母；如果你是部门经理，可以学学探春；如果你是助理，可以学习袭人的踏实、低调、随时汇报；如果你只是普通员工，可以参考小红的有理想有抱负……《红楼梦》中的大观园，就是一个充满玄机的职场，里面的人形形色色，孤芳自赏的，八面玲珑的，争强好胜的——可能是我们自己，可能是我们要面对的同事或客户。

每个人看这本书角度都会有所不同。在这本"职场教科书"中，你看到了谁？从哪个角度看？那个角色又带给你怎样的职场启示？

可以毫不夸张地说，《红楼梦》是一部通俗的中国上、中、下层人物的心理分析宝典，隐藏着中国人在事业、家庭和婚姻这三者之间的成败密码。

红楼梦中人，打一出世就成为人世间活色生香的样本，在大观园、在家是这样，走出园子到职场，也仍然一样。

本书深入剖析了《红楼梦》里边的人物，从这一经典中所提炼出了一套职商理论，更适合中国的国情及人性。尽管这些理念看上去十分的感性，但如果你能深刻地领悟，就会受益终身。

目 录

第一章

初入职场，要像林妹妹一样"步步留心"

作为职场新人的林黛玉，初入贾府这个"大集团"就看到了职场的复杂，因此她"步步留心，时时在意，不肯轻易多说一句话，多行一步路，惟恐被人耻笑了他去"。

新人初入职场，就必须像林妹妹一样"步步留心"。当你第一天走进办公室的时候，当各色人等带着各种表情与你热情握手的时候，你的心里应该有个声音提醒你——从今日起，你开始进入了一个新的江湖。而你要做的，就是在这个江湖中找到一个自己的位置。

第二章

晴雯的悲剧——职场上最可怕的是找不准自己的定位/36

晴雯算得上是丫鬟中的顶尖人物。王熙凤说过"样貌最好的要数晴雯了",从"勇晴雯病补雀金裘"那一回我们能看出,她的女红也是相当出色的,而贾母把她派到宝玉身边做贴身丫鬟,是把她作为准姨娘后备人选培养的。

可是晴雯虽身为丫鬟,却心比天高,搞不清楚自己的定位,顶撞上司、讽刺同事……招致了很多人的不满。最终落得个被赶出园子,香消玉殒的结局。

人最可悲的就是不了解自己,晴雯的悲剧正在于此。

第三章

低调做人，难得糊涂——给职场"王熙凤"的告诫 **/66**

王熙凤是大观园里当之无愧的执行官，在协理宁国府时，王熙凤出色地表现了她的管理才能。

然而，这个二奶奶"对下人严些个"，对那些没有掌握实权的董事会理事也不够尊敬。她太过华丽地张扬自己的厉害，仗势施威、不得人心，见好不收……她最大的短板就是判词里说的——"机关算尽太聪明，反误了卿卿性命"。所以，现代管理者一定要从王熙凤的教训中明白一个真谛，那就是低调做人，难得糊涂。

第四章

企业与员工的博弈——小红的跳槽和鸳鸯的"卧槽"/109

《红楼梦》里的丫鬟都是家养的，或者是在外买来的，都是从一开始就分配好了主子，自己做不了半分主。碰到好主子，或许还有光明前途，碰到不好的，活活被打死也是有的。

在那个大家庭里，想跳槽是很难，但也有成功的，比如宝玉手下的丫鬟小红，她用她的亲身经历告诉我们"跳槽是门技术活"，与之相反的，还有死守岗位坚决不肯跳槽做姨娘的鸳鸯，她证明了"跳槽不如卧槽"的道理。

今天的职场人可以综合对比这两个丫头的选择，告诉自己，在跳槽前，请先明确自己的定位。

第五章

红楼四大秘书的职场情商　　　　　　　　/138

《红楼梦》中众多的秘书里，最突出的要数：鸳鸯、袭人、紫鹃、平儿这四大秘书。作为职场女性，她们都有自己成功的一面，能够从庞大的小丫鬟群体中脱颖而出，成为丫鬟中的"二等小姐"，年纪轻轻就坐上中层领导的位置，管着手下一批员工——小丫鬟们。也就是说，她们是红楼职场女子中的第一流先进工作者。

这四大女秘书，各有千秋：鸳鸯最忠诚，袭人最敬业，平儿最能干，紫鹃最贴心。学会了她们的职场之道，你的职场之路自然会顺畅得多。

第六章

贾母:最幸福的女企业家　　　/169

贾母是《红楼梦》里的"老祖宗",也是贾府企业的最高领导者。在众人的眼里,她慈眉善目,甚少为公司的事情操心,经常组织大家看戏,赏花,但贾家这个家族企业却在她的管理下井井有条。

一个董事长如果当到贾母的地步,才叫出神入化——虽然她什么都不管,但又好像什么都能管。她看似什么都不做,每天不是玩就是乐,其实知人善用,很好地平衡着工作和生活。

曾有人给了她三句话的评价,说她是最快乐的老太太,最幸福的女人,最成功的企业家。

第七章　大观园的那些事——得人心者得天下　　/201

《红楼梦》的世界,玄机暗藏;人生的职场,危机四伏。林黛玉PK薛宝钗,晴雯PK袭人,王熙凤PK平儿……最后,输的那个都输在"不得人心"上。

可见,要想成为一名优秀的职业人,千万不能忽视构筑和健全良好人脉网的能力。

第一章

初入职场，要像林妹妹一样"步步留心"

　　作为职场新人的林黛玉，初入贾府这个"大集团"就看到了职场的复杂，因此她"步步留心，时时在意，不肯轻易多说一句话，多行一步路，惟恐被人耻笑了他去"。

　　新人初入职场，就必须像林妹妹一样"步步留心"。当你第一天走进办公室的时候，当各色人等带着各种表情与你热情握手的时候，你的心里应该有个声音提醒你——从今日起，你开始进入了一个新的江湖。而你要做的，就是在这个江湖中找到一个自己的位置。

林妹妹进贾府
——职场新人的"拜码头"之路

　　抱着既兴奋又忐忑的心情,你开始了新的工作。刚上班的头几天,人生地不熟,因此"拜码头",一定是你上演的第一出戏码。

　　林黛玉初进贾府那年,就已经懂得步步留心,时时在意:从接她的几个三等仆妇的吃穿用度,就揣测出外祖家必不凡;方进入房时,只见两个人搀着一位鬓发如银的老母迎上来,便知是外祖母,急忙拜见。这眼力劲可比现在很多职场菜鸟强多了。不少职场菜鸟在进入职场的前几个月,在电梯里碰到老总连个招呼都不打。

　　当然林黛玉有自己的职场优势,她是董事长的外孙女,有着裙带关系,一进职场身份就不一样,所有职场重要人物都出来迎接,被一一引荐,自然能很快熟悉领导同事。而作为职场新人的我们,运气好的话,主管会带着你,一个部门一个部门地拜访;若是较倒霉,主管自顾不暇,那么你只能自力救济了。

　　不过不管如何,成功地拜好"码头",不但能奠定良好的人际关系基础,更能让自己日后的工作顺利推展。对于刚到任的你而言,练就一身合宜的拜码头功力,是首要的职场EQ任务。

　　接下来,就让我们一探其中的奥妙,分享实际的做法吧!

1. 起点，请先记住同事的名字

第一天上班，你肯定想赢得大家的好感，而对任何人来说，与自己关系最密切的莫过于自己的名字。如果别人忘掉了你的名字，那该是多么令人不快的一件事，对那个善忘的人，你怎么会产生亲切感？同样，作为新人的你，如果连同事的名字都记不住，又怎能苛求他们主动帮助你呢？

戴尔·卡耐基说："一种既简单又最重要的获取好感的方法，就是牢记别人的姓名。"善于记住别人的姓名是一种礼貌，也是一种感情投资，它在人际交往中会起到意想不到的效果。

有一家餐馆，每天顾客盈门，座无虚席。别人问老板："你们的生意如此兴隆，是不是有什么秘诀呢？"

老板说："记住客人的名字，客人一进门，马上叫出他的名字。"

老板知道，名字对一个人而言是一种悦耳的声音，只要是常来的主顾，这名老板就一定会设法记住他们的名字。

凡是第二次上门的客人，这名老板大多能立即喊出他们的名字，对此顾客往往感到又惊又喜，心里有一种暖洋洋的感觉。如此餐馆生意自然也会好起来。

作为新人，如果遇到事情请教前辈，或者在走廊电梯碰到领导、同事，若能叫出对方的名字，带上合理称呼问好，就更容易引起对方谈话的兴趣，让对方留意到你的存在。

在红楼梦里，黛玉有一点值得职场菜鸟们好好学习，你看，每引荐一个人，黛玉都会仔细观察对方的着装、言谈，从而判断出对方的性格、为人。尤其是对贾府里的迎春、探春、惜春三姐妹，着装、样貌，黛玉都看得仔仔细细。这三位姐妹以后都是黛玉的"同事"，记错了人当然不礼貌。

黛玉如此仔细地观察每个人的长相、衣着是想快速记住每个人的姓名、特征，不至于张冠李戴，闹出笑话。作为职场新人，你不妨多留心一下领导同事的样貌特征和穿衣风格，这能帮你快点记住他们的姓名，也能让你从其穿衣风格中看出其性格。如果你所在的单位要求穿职业装，没有鲜明的记忆点提供给你，你可以在见面时用眼睛扫一下对方的胸牌，快速记住对方的名字。

有位专家曾讲过，记住名字和面孔有三条原则：印象、重复、联想。

印象

心理学家指出，人们记忆力的问题其实就是观察力的问题。面对初次见面的人，如果你想要记住对方的名字，可以仔细观察对方的相貌、衣着打扮等，尽量将名字与对方的某一特征关联起来，以便下次再看到熟悉的外表时，能够立刻想到对方的名字。如果没有听清其名字，恰当的回答方法是："您能再重复一遍吗？"如果还不能肯定，那么你可以说："抱歉，您可以告诉我怎么写吗？"

重复

你是不是有过这样的情况：新认识的人在10分钟之内你就叫不出他的名字了。对方在告诉你名字之后，你得多重复几遍，否则，一般都会忘记。如果一个名字较难发音，你最好不要回避，你可以问："您的名字我念得对吗？"人们是很愿意帮助你把他们的名字念对的。

联想

我们是怎么把我们需要记住的事物留在脑海中的？毫无疑问联想是最重要的因素，成功学大师卡耐基的一次经历从另一个角度说明了这个道理。

卡耐基开车到新泽西州大西洋城的一个加油站加油，加油站的主人认出了他，虽然他们已经40年未见了。这太让卡耐基吃惊了，因为以前他从未注意过这位先生。

"我叫查尔斯·劳森，咱们曾在一所学校上学。"加油站的主人急切地说道。卡耐基并不太熟悉他的名字，还在想他可能是搞错了。加油站的主人见卡耐基还是有些疑惑，接着说："你还记得比尔·格林吗？还记得哈里·施密德吗？"

"哈里！当然记得，他是我最好的朋友之一。"卡耐基回答道。

"你忘了那天由于天花流行，贝尔尼小学停课，我们一群孩子去法尔蒙德公园打棒球，咱们俩一个队。"

"劳森！"卡耐基叫着跳出汽车，使劲和他握手。

之所以发生这一幕便是因为联想在起作用，这有点像是魔术。如果一个名字实在太难记了，你不妨问问其来历。许多人的名字背后都有一个浪漫的故事，很多人谈自己的名字比谈论天气更有兴趣。

延伸阅读：

新人"拜码头"的五大准则

现在，在一些大公司，新人到岗后，会有人事部专员专门带领新人熟悉办公环境，给新人介绍各级领导。但很多新人出于羞怯，连头都不敢抬，走了一趟，人脸都没看清，更别说记住人家的名字了。所以我在这里教几招"拜码头"的常识，让菜鸟们有备无患。

主动示意，请老鸟带路

身为菜鸟的你，即使有意愿认识新的工作伙伴，但若贸然独自出击，也不易掌握公司人际网络的真正运作模式，还可能会给人"太过积极"的负面印象。你可以请热心的老鸟同事帮忙，主动提出："我想如果能愈早熟悉别的部门有业务往来的同事，应该就能愈早进入状况，而完成工作任务。您这么资深，在公司中人头最熟，是不是可以麻烦您在方便时带我去拜会一下大家呢？"

出发前先做功课，熟记姓名职称

许多人在"拜码头"时，面对一张张陌生的脸孔以及一个个模糊的名字，会觉得一个头两个大，再加上心中的"表现焦虑"，往往一圈走下来，除了一叠名片，所获不多，因而错失建立第一印象的良机。

教你一个妙方，在出发前先找到公司的员工通讯簿，或是电话分机指引名册，以及公司的组织架构图，这时你就掌握足够的信息了。接着赶紧请教一下身边的老同事，哪些单位的哪些同事是你最有可能的合作对象，然后发挥准备高考的精神，花些功夫把重要的人名及职称印在脑中。

这么一来，等你见到他们本人时，不但会觉得轻松自在许多，还往往能因为记住了对方的名字，而让对方觉得受到重视，对你产生深刻的好感。如此"拜码头"的超级任务，也就达成了一大半！

重视名片，就是重视对方

中国人在新同事来"拜码头"时，会习惯性地递出名片，以做自我介绍。此时如果你只瞄了一眼，就把对方的名片随手收入口袋，或者更糟糕地，把它随手一放，可就大为不妙了。因为名片如人，你怎么对待他的名片，就如同怎么对待他的人。所以名片被忽视及摧残，会让对方觉得自己也被你忽视及摧残了。

高手的做法是，双手接过名片之后，先仔细地把上面的讯息看一遍，然后有礼貌地复述名片上的重点信息，名字及职称尤其是重点了，例如："您是财务部的王大德王副经理"或者"喔，陈副总，您是名校的MBA"。之后抬起头来，微笑着直视对方，表示很高兴能认识他，并希望他日后能多多照顾。

在谈话的过程当中，请尽可能把对方的名片拿在胸前的高度，这一方面能表示对对方的重视，另外，万一突然忘记他的大名，只要瞄一眼，就能解决困窘了。

准备令人印象深刻的自我介绍

"拜码头"的时侯，刚到职的你往往还没有名片可以投桃报李，所以自我介绍的工作就得特别用心。

要是带着你"拜码头"的同事或长官，没能把你介绍得令人难以忘怀，只是报个名字就了事，那么这时你就要接口补充，做个令人印象深刻的自我介绍。

首先当然是介绍自己的姓名，想个让自己的名字好记又有趣的介绍词吧。例如有人这么介绍自己："我姓丰，我妈本来说如果生的是女儿就叫'丰满'，是儿子就叫'丰（风）流'，但是看到我的长相，觉得先天不足，所以就取了个'丰富'了。"

只要多花心思，你一定能为自己的名字找到最佳的登场仪式。如果名字有些复杂罕见，你可以事先将名字写在空白名片上，届时给对方作为辅助。此外，不妨帮自己取个绰号或小名，以方便大家记得你。例如："请叫我陶子，跟陶晶莹同名哦"，或想个英文名字："请叫我Amy"。

接下来，别忘了提一提自己的专长："我从小就喜欢玩计算器，所以后来念了会计。"

总而言之，如果三五分钟拜完了码头后，每个人都能对你留下深刻的印象，那就对了。

表达热诚，虚心请教之意

"拜码头"最重要的工作，是建立人脉，让自己早早脱离菜鸟期，所以最后别忘了诚恳地表明："我刚来公司才几天，有很多事情要多跟您请教、学习，也请您日后多多照顾。"说完别忘了附赠一个灿烂的微笑。

如此一来，拜完码头的你，能真正赢得人心，跨出漂亮的第一步。

2. 观察：尽快熟悉自己的工作岗位

一位某国家级电视台的节目策划人曾说，最难以理解和忍受的是，一些新到岗的员工对自己的工作"完全不开窍"，不知道自己该做什么。有一个新招聘来的名牌大学的研究生，跟随他一起工作已半年时间了，却一直不知道自己该做什么，有时候这位新人还忍不住向制片人抱怨说"太闲了"、"没什么正事可做"。消息传到这位节目策划人的耳朵里后，他忍着不悦把这个大学生叫过来："你能告诉我，怎么给我们的节目作市场推广吗？"大学生倒也不含糊："不就是发发信、打打电话吗？"结果可想而知。

那些对自己的工作岗位情况不了解的人，是不可能在短时间内很快适应工作的。作为新员工你一定要熟悉下面几点。

熟悉内部组织

当你初到新公司上班时，首先，必须了解公司内部组织，如有哪些部门或哪些科室，每个部门主管是谁，所负责的主要工作是什么。除此以外，你还要了解公司的经营方针和工作方法。

熟悉企业文化

企业文化是企业生产经营实践中形成的一种基本精神和疑聚力，以及企业全体职工共同的价值观念和行为准则。也有一些公司会把这些"行为"形成文字并编印成册。如有家著名的IT公司曾一度规定男士不能穿平底鞋，不能打绿领带。大多数公司则没那么多繁文缛节，甚至没有成文的规定。为了尽快融入公司，你必须学会察言观色，并且不耻下问。

熟悉规章制度

如果你在员工手册中已看到了公司的规章制度，那么在现实生活中你还得领会：哪些规章制度正被严格地遵守着，哪些不是？公司里不成文的规章制度又是什么？如果你不能很好领会，就会在日后的工作中"碰钉子"，并且永远意识不到自己在哪里犯了错。

当然，要熟悉上述繁文缛节得花上一段时间。所以，一个新员工起码应该像林黛玉一样，用谦虚的态度去认真学习。

用心观察

黛玉初进贾府，拜见两位舅母时，均仔细观察了周围环境。邢夫人携黛玉进入院内，"黛玉度其房屋院宇，必是荣府中花园隔断过来的。进入三层仪门，果见正房厢庑游廊，悉皆小巧别致，不似方才那边轩峻壮丽，且院中随处之树木山石皆在"。再看二舅妈王夫人院内，"上面五间大正房，两边厢房鹿顶耳房钻山，四通八达，轩昂壮丽"。黛玉一边观察一边思考，自然能看出贾母对两位舅舅的不同。

每个公司都有自己的流程，这和公司的文化、制度密切相关，所以你要尽快了解自己的工作职能，包括工作职责、渠道、工具、联系人等等。

作为新人没人教，没关系，学习林黛玉，注意观察细节，看看别人是怎么做的，其次，要自学。比如，完成一天工作后，发现自己的Excel表格用得不熟练，下班回家就要找资料学习一下，多练习几次，尽快熟练起来。你还可以向同事请教，但不要一有小问题就不分时间和场合地问同事，先自己找找答案，实在解决不了的，再找同事不太忙的时候去请教。

态度要谦虚

职场和校园是两个概念，很多在学校表现出色的学生在职场却频频碰壁的原因往往是自视甚高，缺少谦虚的态度和学习精神。

黛玉去拜见大舅舅，虽然大舅舅托身体不舒服未曾见，但大舅母邢夫人转告大舅舅的话时，黛玉忙站起来，一一听了。随后黛玉拜见王夫人时，仔细听了她对自己的"工作要求"：多跟着三个姊妹一处念书认字学针线，不要睬那个混世魔王——贾宝玉。黛玉一一答应。

只有了解了自己的工作岗位，知道了自己的职责所在，你才能更好地进入工作状态。

学会主动问一声

有很多职场新人嘴上说要改变自己，可是在相当长的一段时间内，还是一种学生的心态和习惯——不清楚上司对自己的要求与期望是什么，又怯于询问。如果上司没有说清楚你的职责范围，也没说明对你的工作要求，你应该谦虚求教，向上司讨教清楚你在工作中的具体职责，直到完全明白为止。你不必担心上司对此会有什么不满，如果你闷不吭声地乱做一气，最后把事情弄得一塌糊涂，你的上司更有可能要炒你的鱿鱼。只有弄清自己在公司所扮演的角色，搞清楚自己的职责，正确履行自己的职责，你才能准确高效地完成工作，这更有利于你工作的开展。

有一个博士到一家化学研究所工作，他是研究所里学历最高的一个人，因此平时大家都对他礼让三分，他对人也爱理不理的。

这天他吃过午饭，出来抽根烟，散散步，就走到了单位后面的一个小池塘边上，而那儿正好有两位同事在聊天。博士不自然地笑了笑算是打招呼了，心里想，跟这两个本科生有什么好聊的呢？

正在此时，博士忽然发现一个同事往池塘里一脚跨下去，还没等他明白过来，就见那同事"噌噌噌"几步从水面上如飞般地走到对面去了——对面是一个厕所。

博士以为自己的眼睛出了毛病，难道这个人会"水上漂"不成？可是，那同事上完厕所回来的时候，同样是"噌噌噌"地从水上走回来的，还对另一位同事说："该你了！"

于是，另一位同事也站起来，走几步，"噌噌噌"地飘过水面上厕所去了。博士差点昏倒：不会吧，自己到了一个江湖高手云集的地方？

博士本来并不内急，即使内急也可以回单位楼上上厕所。但是被两位同事一激，他硬着头皮，也起身往水里跨——我就不信本科生能过的水面，我博士生不能过！

只听"咚"的一声，博士栽到了水里。两位同事吓了一跳，合力将他拉了上来："你这是干什么？"

博士一身的水，狼狈不堪，气急败坏地反问："为什么你们可以走过去呢？"

两位同事恍然大悟，相视一笑："这池塘里有两排木桩子，由于这两天下雨涨水正好被淹在水面下。我们都知道这木桩的位置，所以可以踩着桩子过去。你怎么不主动问一声？"

是的，主动问一声，这看似简单的道理，却是许多所谓具有高学历的人所想不到，或者想到了，也不愿意去做的。这其中大部分人都有怯生心理，认为：任何一个人到陌生的工作环境，都免不了要被动点。而另一部分人是抱着"防人之心不可无"的心态，总觉得一开口问人，自己就会被人认为是"笨蛋"、"弱智"，有破坏形象之嫌。

"主动问一声"可以说是职场的第一道门槛，先摸熟工作环境，学会和同事打交道，比学习业务更重要。这道门槛若跨不过去，职场之路难免磕磕碰碰。

看看下面这些问题，你有没有"主动问一声"过？

公司的规模和发展模式

公司是在何时何地创办的？经营范围是什么？是否是集团企业？公司发展是处于上升期还是衰退期？公司有哪些部门和子公司？有多少职员？有多少客户？有多少经营场所？有跨国分公司吗？

公司的发展方向

公司提供什么服务或经营哪种产品？目前的工作重点是什么？公司的前景如何？公司存在的问题是什么？公司是否正在研发新产品或有新专案？公司的竞争对手是谁？经受过什么挫折？最辉煌的业绩是什么？

公司的文化与信誉

公司管理正规还是随意？公司的经营理念是什么？管理体制是什么？人际关系是否融洽？有什么关于公司管理人员的传闻吗？是否解雇过年老的员工或有类似性别歧视的事情发生过？

3. 了解哪些人是掌握命脉的"重量级人物"

新员工来到新的工作环境，除了要仔细了解自己的工作内容、职责之外，还要了解这个工作体系中哪些人是掌控命脉的重量级人物。在这个名单中，你不仅要紧盯着拥有各种管理头衔的各级上司，还要关注那些职位不算高、职称不算响亮却掌握着一定特殊权力及资讯的"隐形掌权人士"，例如总经理的特别助理、上司的秘书、上司的朋友、各部门的部长、科长，还有员工中人人都尊敬的老大哥、老大姐们。

王熙凤一出场，黛玉就对其进行了仔细观察。虽说是初次见面，但黛玉之前已经做过功课，对王熙凤的地位、关系均有所了解。"黛玉虽不识，也曾听见母亲说过，大舅贾赦之子贾琏，娶的就是二舅母王氏之内侄女，自幼假充男儿教养的，学名王熙凤。黛玉忙陪笑见礼，以'嫂'呼之。"

黛玉去王夫人宅里小坐的时候，听闻王夫人聊起贾府的重要人物——宝玉，也是极仔细地听了，将王夫人说的一一记下。

宝玉发脾气摔玉，贾府上上下下紧张慌乱，贾母的心疼，黛玉看在眼里，知道府里宝玉是最受疼爱的，那玉也是被贾府人视为命根子的。当下觉得自己初来就惹得宝玉发狂摔了玉，若摔坏了，岂不是自己的错。正难受呢，袭人过来安慰，黛玉对宝玉的这位贴身大丫环非常客气，称为姐姐，并让座到自己的炕上，探问起来："究竟那玉不知是怎么个来历？上面还有字迹？"

黛玉很清楚，贾府里除了各主子，几个重量级的丫环也是不可小觑的，她们都在重要人物身边，说起话来有时候比正经主子还管用。

许多职场新人，入职后最大的难处不是无法开展工作，而是不知道怎么融进圈子，不知怎么处理好公司复杂的人际。每个职场都有自己的圈子、派系。新入职的人往往搞不清楚，因为得罪一个人，而得罪一个圈子，或者在两大圈子的派系斗争中成为牺牲品。新人要特别注意，进入职场，少说多听，不要随便传流言，搬弄是非。

具体来说，我们可以从下面几个途径尽快地融入公司圈子。

利用好与人合作的机会

与人合作的过程，实际上就是结交朋友的过程，这是扩大社交范围的好机会。众所周知，志同道合的人才能成为真正的朋友，共同的事业是寻觅知心朋友的前提条件。因此，你在工作中不要拒绝任何与人合作的机会，要发掘与他人的共同事业，这样才能广交各路好友，为自己实现人生理想推波助澜。

培养自己的好奇心

一个兴趣、爱好广泛的人，在人际交往中占很大优势，易于与各种人结交朋友。但如果你的爱好单一，在与人交谈的过程中就要注意一些问题。比如即使对方谈论的一些事你并不擅长，你也要表现出强烈的兴趣，这样就能博得他的欢心，赢得他的好评。如果对方恰好能对你的工作提供帮助，他肯定会毫无保留地帮助你。不管什么样的集体活动，不管受到谁的邀请，你都要兴致勃勃地去参加。只有这样你才能让人感受到你的魅力，让人感受快乐的气氛，同时也让自己快乐。

尽量克制自己的性格

俗话说，物以类聚，人以群分。志趣相投的人凑到一起，很容易成为朋友，因此许多人在选择朋友时都习惯性地选择志趣相投的人。但是，社交与结交朋友是两码事，社交圈中结交的"朋友"，并不是我们平常所说的朋友，而是生意或工作上的伙伴。因此，在公司的社交过程中，你不能以结交朋友甚至是知心朋友为标准，而应该抱着互相学习、互相借鉴的心态，接受各种各样的个性。

积极参加集体活动

有些公司每逢周末、节日都会举办联谊会、舞会、茶话会等庆祝活动。如果你想多结识一些朋友，多寻找一些发展机会，那么即使你喜欢独处，也要积极参加。

在现实生活中，有些人只知道埋头做自己的事，拒绝与他人一起干。他们认为参加集体活动是浪费时间，因此只做自己想做的事，从不顾及他人的感受。一个把自己孤立于集体之外，不顾他人感受的人，必然是一个团队合作意识淡薄的人，这样的人不仅无法结交朋友，在工作中也很难取得突破。

需要注意的是，参加聚会、联谊会等集体活动时，绝对不能流露出一丝不情愿、不耐烦的感情。否则不仅会败坏周围人的兴致，你自己也会不愉快。一旦参加活动,你就要竭尽所能使自己以及身边的人都快乐,充分展现自己的性格魅力,因为一个有性格魅力的人,一定是受大家欢迎的人。

像林妹妹一样巧妙"避雷"
——注意"职场潜规则"

每个公司都有自己的企业文化,不管这企业文化是印刷成文的,还是约定成俗的,都是员工必须要遵守的。

作为职场新人,你的第一门功课是要巧妙"避雷",保护自己,不要在无形中被职场潜规则炸得找不着北。我们仔细看一看初入贾府的林妹妹是如何细心发现并巧妙回避贾府"潜规则"的,便可以从中获得不少启迪。

1."座位"有时候是"职位"的象征

昨天是任婷婷第一天到单位报到,她被分在策划部,做文案。

作为新人,任婷婷已经做好了从基层开始的准备。昨晚她早早入睡,还特意把闹铃调早了半个小时,她想,自己早点到办公室,应该能给部门领导和同事一个勤快认真的好印象。

果然,任婷婷是部门里第一个到的员工,她擦完桌子,扫了地,坐到办公桌前,想象着一会儿领导同事进来看到干净整洁的办公室,而后夸奖自己。这时，电话响了，是部门主管桌上的电话。任婷婷过去帮接电话，对方要任婷婷记录下来代为转告，任婷婷找到纸笔，为了记录方便就顺势坐到部门主管的椅子上。她正记录着，部门主管和几位同事陆续到了，主管看到她坐在自己的位置上，脸色明显不好看："你在这里干什么？"语气带着责备。

任婷婷看到主管紧绷的脸，赶快解释："刚电话响了，我就过来帮您接，刚在记录电话内容。""好了，没你事了，回到自己座位上去。"部门主管依然是冷冰冰的语气。

任婷婷一脸委屈。自己是好心帮忙，到底哪里错了？难怪别人说多做多错，早知道自己不如什么都不做。她抬头看向周围的同事，想从他们那里寻得一点答案，但大家都开始忙自己的，视她如空气般，没人搭理。

周一早上九点半，公司例会时间。任婷婷学着同事拿了本子、笔到会议室，按大学的习惯在第三排靠边坐下，别的部门的一个同事过来站在她旁边，她以为那人在找位子，就说那边还有空位。这时她办公桌旁边的小李在后面叫她："任婷婷，过来，坐这吧。"任婷婷不明原委，不过有同事主动和自己说话，她很高兴，就赶快走到同事身旁坐下。

"你怎么傻乎乎的，也不会看下，座位可不是随便坐的。"同事小声说。

"啊，还有这样的规定？"任婷婷一脸不解。

同事耐心解释说："哎，这是公司约定俗成的规定。第一排都是各部门经理坐，第二排是各分部主管坐，第三排是给公司带来最多效益的市场部坐。我们策划部在公司不属于重点部门，就靠后坐。"

职场真复杂！任婷婷不禁倒吸一口凉气。

回到家，任婷婷就开始向同学抱怨自己上班第一天的各种"狗血"事件。两人交流许久，任婷婷发现原来"座位"文化不仅在自己的公司有，同学也碰到了类似的事情。

可见，每个公司都有自己潜在的职场江湖，在这里自有它的排序。"座位"在职场里就是职位的象征，坐了别人的座位，就会让对方形成你要侵犯他职位的心理暗示,如此对方自然会对你产生敌意。

《红楼梦》书中写到黛玉去拜见二舅母王夫人那一段——"老嬷嬷们让黛玉炕上坐,炕沿上却有两个锦褥对设,黛玉度其位次,便不上炕,只向东边椅子上坐了。本房内的丫鬟忙捧上茶来。黛玉一面吃茶,一面打量这些丫鬟们,妆饰衣裙,举止行动,果亦与别家不同。茶未吃了,只见一个穿红绫袄青缎掐牙背心的丫鬟走来笑说道:'太太说,请林姑娘到那边坐罢。'老嬷嬷听了,于是又引黛玉出来,到了东廊三间小正房内。正房炕上横设一张炕桌,桌上磊着书籍茶具,靠东壁面西设着半旧的青缎靠背引枕。王夫人却坐在西边下首,亦是半旧的青缎靠背坐褥。见黛玉来了,便往东让。黛玉心中料定这是贾政之位。因见挨炕一溜三张椅子上,也搭着半旧的弹墨椅袱,黛玉便向椅上坐了。王夫人再四携他上炕,他方挨王夫人坐了。"

随后,黛玉去贾母那里用餐——"贾母正面榻上独坐,两边四张空椅,熙凤忙拉了黛玉在左边第一张椅上坐了,黛玉十分推让。贾母笑道:'你舅母你嫂子们不在这里吃饭。你是客,原应如此坐的。'黛玉方告了座,坐了。贾母命王夫人坐了。迎春姊妹三个告了座方上来。迎春便坐右手第一,探春左第二,惜春右第二。"

可见林妹妹已经学会细心观察哪里是自己可坐的,哪不是自己的位置。

职场新人要好好跟黛玉学下"座位的文化"。

场景一:上车

如果跟领导出去办事,千万别自己先上了车把领导晾在后面。你一定要先打开后座车门,等领导上车后,关上车门,自己坐到副驾驶上。

场景二:餐桌

出去见客户或跟领导同事吃饭,最普遍的规律是左侧为上座。即便是西方人也会认为坐在右边的人用左手袭击他的可能性较低,所以这个座位是留给你最需要保护的上司的。如果可能的话,你可以考虑守住靠门口的座位，当然不要先一下子就坐下，可以把包或外衣放到椅子上，然后先请大家到里面就座。让同事们背朝墙壁不仅会让人更放松，也会让你显得更谦逊和周到，因为这个位置通常是上菜的通道。

场景三：开会

开会时一般前排都是领导，你应估计下自己部门的情况，跟自己部门同事保持一致尽量坐在一起。要不，坐到前面同事会觉得你野心太大，想引起老板注意，坐在太后面又会说你没上进心。

2. 王熙凤是贾府的特例，不代表你也可以——去个性化，融入企业文化

企业文化是企业生产经营实践中形成的一种基本精神和凝聚力，是企业全体职工共同的价值观念和行为准则。为了尽快融入公司，你必须学会察言观色，并且要不耻下问，因为每个公司都会有成文或不成文的习惯做法。

《红楼梦》中王熙凤出场那段是这样写的："一语未了，只听后院中有人笑声，说：'我来迟了，不曾迎接远客！'黛玉纳罕道：'这些人个个皆敛声屏气，恭肃严整如此，这来者系谁，这样放诞无礼？'"

小小的黛玉刚入贾府就已经看出府里的人个个皆敛声屏气，恭肃严整，也发现了王熙凤的放诞。

王熙凤是贾府的特例，不代表你也可以。毕竟，人家是贾府管事的，可以有自己的个性，最重要的是，贾府的"董事长"喜欢。想要发挥个性，还是等你成为大腕级别的人再说吧，作为新人还是不要特立独行，先学会融入企业文化当中。

现在有很多职场新人，自我个性过于鲜明。他们的这种自我会在一定程度上阻碍其获得工作的乐趣。

即便是清高的林妹妹,初入贾府,发现很多事情跟家里不一样,也得聪明地先去个性化——"寂然饭毕,各有丫鬟用小茶盘捧上茶来。当日林如海教女以惜福养身,云饭后务待饭粒咽尽,过一时再吃茶,方不伤脾胃。今黛玉见了这里许多事情不合家中之式,不得不随的,少不得一一改过来,因而接了茶。早见人又捧过漱盂来,黛玉也照样漱了口。盥手毕,又捧上茶来,这方是吃的茶。"

每个企业都有自己的规则。你既然要在整个企业中成就自我,就要符合这个企业的文化和游戏规则,而在这个规则之内,你要尽可能把自己的才华用独特的方式给展现出来。

简单地说,新员工入职时通常会有一个培训的过程,除了技能方面的培训以外,还会有一些领导或者老员工做一些企业文化的宣讲。

拿联想集团来说,它的企业文化是多方面的,但从企业存在的角度来说,联想存在的理由有"四为":为客户,为股东,为员工,为社会。它不断向入职员工灌输企业文化,包括各层领导人的讲话以及单位墙刊、内刊中的文字展示等,都在不断向联想的员工进行着信息植入。这个信息被吸收的过程就是去个性化的过程,其本质是通过职场粉碎去除笼罩在真正个性之外的一些不良认知和习惯,这是让自我个性真正焕发的必要途径。

对于职业生涯中的不同企业,你会发现它们的一个共性,就是如果你从根本上和企业文化相悖,并且拒绝改变自我、接受对方,老板是不会留着你的。

那怎么将这种观念外化于形呢?我给职场新人提几个建议。

第一,要尽可能地随和、随大流,对任何事情都不要顽固地坚持。比如你刚到一个公司,同事们提议一块儿去吃饭,有同事说吃火锅,你说别吃火锅,吃完一身的味儿;同事们提议去看电影,大家都要看《让子弹飞》,你说你看过了,非得看《非诚勿扰2》……这种事情太坚持了,就是不考虑别人的感受,会特别让人不待见。

第二，碰到集体活动，一定要多参与。英文里有个词儿，叫"湿毯子"(wet blanket)是指那种经常让人扫兴的人。比如同事说今天晚上老板请客，大家一起去唱歌，但你说你今晚有事不去，如果你是请客的老板或同事，你希望大家都不去吗？人和人是需要互相支持的，如果没有支持感，团队就会没有温情和氛围，最后人与人之间会传递出一种消极的信号，让大家感觉很冷漠。

第三，在别人面前，始终传递积极的信号。作为职场新人，肯定会被问到，你对工作感觉怎么样？这时你一定要先说好，即使你心里存在着疑惑，你也应该尽可能地说这个团队很好，自己能够学到很多东西等等。最后你可以说说迷惑的地方，但是别光说不好听的。

第四，任何情况下，都不要说别人坏话，这是很多职场新人做不到的。即使想说，也请当面说。假如有一天，张三在李四面前说王五的坏话，李四肯定会想，张三和我说这些是什么目的呢？如此大家对彼此的人品都会有所看法。所以，有意见还是直接去提的好。当然，也不能贸然地去提，你应该先观察一阵子，有疑惑再说。

职场有太多太多的学问。"菜鸟"不能要个性，否则会变成"傻鸟"。对于"菜鸟"来说，谦虚总是没错的，你表现得阳光、积极、简单一些，"傻傻"地去努力就行。等过了一段时间，你会惊喜于自己的成长。

延伸阅读：

注意职场细节，跳开职场陷阱

1.信封

一位资深HR说他曾收到过这样一封简历，信封是应聘者第一家工作单位的，简历上每页的右下角都打印第二家公司的标记。这种行为让HR觉得此人一贯的工作方式以及个人素质都值得商榷。

很多企业在收到应聘简历时，会把一些信封上印有原公司名字的简历在第一轮就淘汰掉。原因很简单，将公司业务交往用的信函私自挪为己用，是对原单位的极不尊重，同时也是应聘者个人行为很不负责任的一种表现。

2.电话

谁也不能避免在上班时间接听几个私人电话，但是接私人电话时间过长就会占用上班时间，让自己暂时脱离工作状态。另外，接听私人电话，会干扰到周围的同事，所以，请在3分钟之内结束私人电话，避免自己被琐事干扰，这对自己和工作都是一种负责的态度。

3.电脑

很多公司不允许员工在公司电脑上打游戏，网上聊天自然也是被公司禁止的，但仍有人利用公司的内部网络"笑傲江湖"。一位员工通过互联网到一家国外的成人网站下载了许多图片，却不料这笔高额费用算到了公司的头上，清查之下这位员工失去了这份相当不错的工作，并且个人形象方面也大为受损。

4.私人会谈

对私人朋友来访，很多公司都专门设有会谈室，而不允许客人进入到工作区。有的公司在时间方面也有着较为严格的规定，一般只允许在休息时间接待这种来访，即使是急事，也要尽可能的简短。

5.报销

大部分企业在审核出差或商务应酬报销时，都会核对时间地点。如果其中有意或无意地混入些个人票据，那后果不言自明。

拼能力更拼心态
——职场"林妹妹"要克服的心理瓶颈

林黛玉初入职场，谦虚有礼、步步留心，前期工作做得不错，但是在心态上，林黛玉还没有调整过来。她清高敏感，总有种寄人篱下的自卑感，又不懂得隐藏自己的情绪，常常因敏感而得罪"同事"，因自卑而伤心落泪。这让她以后的职场路走得异常坎坷。

职场新人以及不成熟的职场人最容易犯的毛病之一，就是心态不成熟，遇到一点事情就承受不住。

林妹妹之所以心理素质不佳，"风刀霜剑严相逼"的客观环境只是一方面，不善于进行自我心理调解是另一个重要的原因。史湘云和她一样，不仅父母双亡，寄居在亲戚家中，没有知疼知暖的宝哥哥在身边，处境比她还要苦上一层，却能整日一脸的阳光，把笑声洒遍大观园的每个角落。为此，史湘云曾劝过林妹妹："你是个明白人，何必作此形像自苦。我也和你一样，我就不似你这样心窄。何况你又多病，还不自己保养。"

由此可见，现实虽残酷，但若能勇于面对，时时不忘进行自我调解，柔弱的林妹妹也能把自己的神经磨砺得如同铁丝一样硬。

职场上，拼能力更拼心态，调整好心态，积极面对，把基础打牢，踏踏实实地付出，才能让自己变得与众不同。

1. 不做"草莓族"，学会面对压力

林黛玉因母亲早逝，来到贾府，虽有外祖母的宠爱，可心中难免自

卑。王夫人的"贴身办事员"周瑞媳妇，帮薛姨妈去给贾家的小姐们送宫花。周瑞媳妇挨个送花，最后送到了林黛玉那里。当林黛玉得知是每个姐妹都有时，就冷笑道："我就知道，别人不挑剩下的也不给我。"因为自卑，她总觉得自己不被重视，总觉得，别人挑剩了才轮到自己。

过份敏感，让林黛玉在职场显得特别脆弱，但她偏偏不懂得隐藏自己的情绪，让周围的同事都觉得她太过敏感，下人也都觉得她不好相处。

林黛玉混在职场，就像现代的职场"草莓族"，虽外表光鲜好看，但却极其不抗压，说不得道不得，更别说给他压担子让他迎难而上。

要在职场好好发展，就不能当职场的"草莓族"。"草莓族"的具体表现有：

不愿意长大，总想别人哄着

台湾著名的女子歌唱组合S.H.E有一首很经典的歌叫《我不想长大》，当这三个年纪已经不能算小的女生一遍遍唱着"我不想不想长大"的时候，我们在觉得好玩的同时，不禁会想，这哪里是三个女生的心声，这简直是很多人共同的心声。

为什么这些人有不愿意长大的心结呢？因为不长大好啊，小孩子可以不负责任，做错了事情大人会原谅，总被别人哄着，可以撒娇，想要什么就能得到什么。

曾经有位人力资源总监很苦恼地和我谈论过这个问题。他说，今年部门新招了几名女员工，这些女孩子有很可爱的一面，活泼开朗、心地单纯，但就是经不得一点批评。其中有个女孩子时间观念差，老是迟到，尽管自己强调多次也没用。

有一次开会，她又迟到了，所有人都在等她。他忍不住批评了女孩几句，谁知道女孩竟然当着大家的面哭了起来，先是默默掉眼泪，接着忍不住大哭起来，弄得一屋子的人面面相觑。最后他不得不请女孩先出去，等情绪稳定后再进来。

他说，对某些新招聘的员工，自己说话得小心翼翼，要特别注意语气，交代他们做事的时候，得尽量用"好不好"、"行不行"等这样哄人的词句，否则他们会觉得你过于严厉、自己受了委屈。带这帮新人，只有一个字：累！

这或许是很多领导的共同感受。但职场毕竟不是家庭，领导也不等同于父母，如果意识不到这一点，你就永远不可能有成长。所以，要想告别"草莓族"，第一步就是去掉"长不大"情结。

不愿意承担责任

这具体表现为：做事马马虎虎，过得去就行，不是自己的事生怕多出一分力；一说要挑担子第一个反应就是"太难了""做不了"；一有困难和压力就恨不得能躲多远就躲多远，实在躲不过去，就勉强应付，或者干脆不干了。

你若从小到大没有承担的习惯，心理上也没有承担的准备和能力，自然就不会有负责任的精神。但工作就意味着责任，这是谁也改变不了的事实。如果你认识不到这一点，还是把原来的习惯搬到职场里，走到哪里都会碰壁。

总希望别人包容

这最典型的表现是：不管是自己做得不到位还是做错了，都希望别人能理解和包容，自己做不好的事情，最好是有经验的同事和前辈能主动替自己去完成。如果做不到这一点，起码不要对自己严加指责和批评，而是和颜悦色、轻描淡写说两句就完了。

在家里做错了事，父母都不说什么，甚至为了照顾自己的情绪还会安慰自己，凭什么领导老是批评自己，同事老是那么多要求，嫌自己这也做得不好，那也做得不对？但反过来想想，领导和同事有什么理由要包容你？职场不是撒娇的地方，而是做事的地方，包容你就等于害了你，让你无法独立，得不到成长。既然进了职场，你就有义务提升自己的能力，你在什么岗位，就应该发挥什么作用，不能成为单位和同事的负担。

受不得一点否定

这最突出的表现是：只能接受表扬，接受不了批评。一旦遭到哪怕是小小的否定，都会觉得天塌下来了，负面情绪一览无遗——情绪低落，消极怠工，觉得做什么都没有价值，甚至和领导、同事对着干、逆着来。

某公司新来了一位实习生，没几天，领导就让他做一个方案。方案做出来后，领导觉得有很多不足的地方，于是给他提了些修改建议。刚开始的时候，实习生还听得很认真，但指出了三、四条之后，他明显不开心了，甚至和领导争辩起来："我觉得自己的思路没有错，在学校里就做过类似的方案，还得了二等奖。"他越说越激动，最后说了一句，"我想，我们的理念不太相同，我看我还是到别的公司去试试。"

每个人都渴望得到肯定，希望在别人的肯定中体现出自己的价值，在别人的肯定中看到自己的成长。不可否认，肯定对于每个人的成长非常重要，因为只有在肯定中，我们才能找到自己的位置，坚定自己的信心。但光有成长还不够，成长之上是成熟，成熟的一个重要标志就是能够理性地认识自我和外界，并能够独立自主甚至挑大梁。而成熟，往往来自于"折磨"。

2. 不要太敏感，平稳度过"蘑菇期"

黛玉天生丽质，气质优雅绝俗，"心较比干多一窍，病如西子胜三分"。

书中第二十二回，众人都看出台上唱戏的小旦眉眼有点像黛玉，因想着她素日小性，都不愿说出来，偏偏史湘云无所顾忌地在宝玉给他使眼色之下还是说出来了，这让林姑娘脆弱的心再次受伤。尤其是，跟她最亲的宝玉还给湘云使了眼色，她当时强忍着没发火，回到住处才连珠炮式地向宝玉倾泄："我原是给你们取笑的——拿我比戏子取笑？""这一节还恕得。再者，你为什么又和云儿使眼色？这安是的什么心？莫不是他和我顽，他就自轻自贱了？他原是公侯的小姐，我原是贫民的丫头，他和我顽，设若我回了口，岂不他自惹人轻贱呢。是这主意不是？这却也是你的好心，只是那个偏又不领你这好情，一般也恼了。你又拿我作情，倒说我小性儿，行动肯恼，你又怕他得罪了我，我恼他，与你何干？他得罪了我，又与你何干？"

黛玉小心地保护着自己的自尊，深怕被别人耻笑，可是过于敏感，反而过犹不及。

很多职场新人都有这样的经历：本以为埋头苦学十几年，终有一日可以大展身手，却发现自己被分配到不受重视的部门；被安排做打杂跑腿的工作；得不到必要的指导和提携；像"蘑菇"一样，在"阴暗"的角落里自生自灭；经常会遭受无端的批评、指责，代人受过。因此他们怨天尤人，觉得生活对自己太不公平，甚至有人干脆放弃了当初千挑万选的工作。

新人往往会觉得这是企业对自己的歧视，然而事实并非如此。

这段毫无光彩的"蘑菇期"对企业和个人都大有好处：可以使企业和新员工之间进行最大限度的磨合和适应。充当一只默默无闻的"蘑菇"，是绝大多数职场新人走向成熟的必经之路。

对员工来说，一些简单的、没有技术含量的基础工作，是了解企业的生产经营状况和客户的基础。对企业来说，管理者可以从一件小事、一个细节中发掘人才，充分发挥人才的优势，促进企业的发展、壮大。

刚进入企业的大学生专业水平不相上下，人格特质却迥然不同，企业更愿意选择踏实肯干、责任感强、积极主动并善于思考的新人。持之以恒地完成简单任务、做好"小事"，会让你在周围的人中脱颖而出，领导也会放心地委以重任。而那些急功近利、心浮气躁的人，连芝麻绿豆大的事都做不好，怎么可能担当重任呢？换个角度去思考，如果你是领导，你也会做同样的选择。

但是从职场新人的角度来看，当踌躇满志的理想遭遇"暗淡无光"的现实,自信必然会受到重大打击,从而让你丧失工作的热情,产生敷衍应付的态度。因此,如何快速、高效地度过职业生涯中那段最痛苦难熬的"蘑菇期",积累工作经验和人生阅历,是每个职场新人必须解决的问题。

积极认真的工作态度,是你脱颖而出的先决条件。认真对待你所从事的工作,不放过任何鸡毛蒜皮的小事和看似微不足道的细节,并竭尽所能地把它们做到最好,能为你的发展之路奠定坚实的基础。正如一位作家所言:"无论做什么事情,都应该尽心尽力,一丝不苟,因为究竟什么才是大局,什么才是最重要的,这一点其实我们并不清楚。也许,在我们眼里微不足道的细节,实际上却可能生死攸关。"

要想改变环境,就要先适应环境,知己知彼才能百战百胜。对职场新人来说,进入一个并不满意的公司,被安排到一个并不起眼的岗位,做着无聊的工作时,适应环境是第一要务。能很快适应并融入环境的人,才能更好地完成自己的工作,反之就只能将自己置于痛苦的深渊。从这个角度来说,"蘑菇期"对新人至关重要,它直接决定了你日后的工作,甚至一生。

低调做人能让你得到更多的注意。年轻人在做完工作、取得成绩后,总是渴望得到上司和同事的赞赏,但是,并不是你的每一点成绩都会引起别人的注意。只有脚踏实地地做事,取得更大的成绩时,你才能一举成名,成为上司和同事关注的焦点。

"蘑菇期"不仅是对一个人专业知识的考量,还对一个人的职业道德、耐心、毅力等多方面的能力提出了更高的要求。这时,很多年轻人选择逃避,但这解决不了任何问题。就算你侥幸绕过了这个难关,还会遇到千万个相似的难关,你总不能当一辈子的"逃兵"吧?

锁定一个目标,然后持之以恒地努力,只有这样你才能更快地度过"蘑菇期"。厚积薄发,方能游刃有余。只有在这个艰难的过程中不断积累宝贵的经验,提高自己的工作能力和个人素质,你才能为自己锻造出更强的竞争力,走上通往职业成功的道路。

3. 职场"林妹妹"的自我调节术

大学生初入职场，面对与学校环境完全不同的职场环境时，绝大多数人难免紧张，找不准自己的位置，工作起来如履薄冰，处处小心，事事在意，真有点林妹妹初入贾府的感觉。对此，我们要学会的是自我调节。

回避

如果你觉得暂时没办法应对困难，要及时鸣金收兵，而不要一味地"较真"，显示自己的"刚毅"，这样反而会坏事，同时也自添烦恼，乱了心绪。你要争取一段时间，让自己静下心想想对策。

千万不能像林妹妹那样想不开，要学会自我安慰。一个人最大的价值并不在于他受过多高的教育、有多好的家境、多体面的长相，而在于他有超强的生存技能。

在这方面，一炮走红的芙蓉姐姐值得我们学习。为了把自己"推销"出去，她连续三年在网上发帖子，所有关于她的帖子后面，都是浩若烟海的谩骂话语："神经病"、"荷兰大奶牛"、"呕吐"、"最好的减肥药"……芙蓉姐姐难道看不到吗？她看到了，但她只是淡淡一笑，而没有像林妹妹那样又葬花、又写哀诗自我折磨，这就让那些谩骂全部失了效。芙蓉姐姐说她被人称作"美黛玉"，可大家都知道，她无论是容貌还是才华，都与黛玉相差十万八千里，只是她有铁丝般坚韧的神经，不与对手正面交锋，才修得"一览众山小"之境界。

宣泄

其实林妹妹也知道月有阴晴圆缺、人有悲欢离合的道理，她还曾对史湘云说："不但你我不能趁心，就连老太太，太太以至宝玉探丫头等人，无论事大事小、有理无理，其不能各遂其心者，同一理也，何况你我旅居客寄之人哉！"可一遇到事，她还是想不开。

好在林妹妹多才多艺,琴棋书画样样精通,借此把心中的郁闷排解出了大半,不然可能还没捱到与宝玉互吐衷情就已花落人亡了。

在令人气恼的事情发生后,你要想办法"没事找事",分散自己的注意力,不释放,只会身心俱损,其害无穷。当然,许多人也知道转移宣泄的道理,可因文化修养和林妹妹相差甚远,往往容易沉溺于赌博、酗酒这些低级趣味当中,如此,压力是得到了缓解,可心境却被慢慢搅乱,健康也受到很大影响,时间一长,意志力会随之消减。

心境的修炼是需要时间和功力的,言语刻薄、爱耍小性子的林妹妹是应该努力修正自己的。

取得亲人支持

其实,林妹妹之所以能在"秋花惨淡秋草黄"的大观园里活下去,并有许多浪漫温馨的日子可怀想,是因为宝玉炽热如火的爱。如果能和宝玉顺利地走进婚姻的殿堂,林妹妹的病自会不治而愈,心理素质也不会那般脆弱。

所以,你要让亲人和朋友充分理解自己事业的重要意义,取得他们的支持和理解。

在职场当中,要快速从被动工作的状态,转变到适应和主动工作的状态是有方法可循的。

职场新人除了调节自己的情绪外,还应抱有以下两种基本心态。

职场新人基本心态之一:放开心胸,积极主动面对问题。

工作中越怕出错越容易出错,在心情极其紧张的时候工作,容易影响自己的思考和判断力。所以,作为职场新人你要放开心胸,放松心情。不熟悉情况,不了解环境需要难免会产生误会,甚至是工作失误,当工作中出现问题时,你要积极主动地去面对问题,努力找出各种方法去解决问题,而不是逃避问题。你要把所有工作中出现的情况,做得好的,做得不好的,当作一个提高和积累的过程,同时注意总结,争取以后不犯同样的错误。把工作中的错误和失误当作宝贵的经验积累下来,将会是人生中一笔宝贵的财富。

职场新人基本心态之二：不找借口，通过对工作结果负责快速提高工作能力。

工作中出错了，怎么办？有些人的反应非常快，能立刻找出一堆理由说明这件事出错和自己无关，是别人的责任。如果你作为管理者，会把工作机会给什么样的人？企业会把机会给那些遇到问题不找任何借口，主动承担责任去解决问题的人。所以，遇到问题找借口、推卸责任是小聪明，敢于承担责任、对结果负责才是大智慧。你能在承担责任、对结果负责的过程中学到东西、增长经验，锻炼自己的心理素质，而好的工作结果又能带来企业和管理者对你的信任与认同，进一步发展你自己。

与此同时，你还要有可操作的职场快速进步的方法。

方法一：接受工作问职责

在接受一项任务的时候你要主动问清自己的工作要做到哪种程度，工作结果要达到的标准是什么？你要明确工作的要求，界定自己可以做什么，不可以做什么。

某办公室文员接到一个工作，校对经理所写的一篇文章。她改得很努力，连续三天早来晚走。结果她将这篇文章交给经理的时候，却受到批评。因为她没有经过经理同意，根据个人判断，将文章中的一些主体内容删减掉了。

她的动机是希望将文章修改得更好，但是否删减文章里的内容却不应该由她决定，因为这篇文章的作者是经理而非这名文员，经理请她校对，她可以提修改建议，并且可以与经理确认，哪方面内容可以改，哪方面内容不可以改，最后改不改内容应该由写文章的人决定，这叫职责界限。

当接受一个工作时，你要问清楚：领导对自己工作的具体要求是什么？当要求明确时，如果没有做到，是没有完成任务；而做的工作超过了界限，就属于越界。

方法二：准备工作学经验

当我们准备开始做一项工作的时候，向以前做过这些工作的老同事或者是上级询问他们的工作经验及注意事项，或者主动找一些参考资料，会比自己重新摸索节省时间、资源、财力和物力，可以少走很多弯路，并且更有可能获得良好的工作结果。

一位刚刚毕业的大学生进入一家企业后，担任市场部经理助理，因此有机会和经理一起参加一个项目的洽谈。事后经理让他起草一份合同，这位助理很为难，因为他在起草合同方面知道的并不多。于是他只好找来几本与起草合同有关的书，认真研究了一个晚上，第二天他根据自己的记录和理解，非常认真地撰写了一份合同交给经理，结果遭到了经理的严厉批评。经理说他起草的合同漏洞百出，甚至连行业里基本的条款都没有加进去，并问他为什么不用公司已经非常完善的合同模板，这时他才知道这类合同基本条款每次都是一样的，他只要把公司已有的合同模板找出来，根据这次洽谈的记录把和以前不一样的地方修改一下就可以了。

企业里通常都有一些已经固化了的工作经验和方法，它们是在前人成功或者失败的基础之上，吸取经验、总结教训建立起来的，初入职场的人一定要积极地向老同事或者是上级了解和学习这些工作经验和方法，才能少走弯路，更快地走出职场寒冰期。

方法三：请示工作说方案

请示工作时你不要试图把自己的问题踢给上级，而在向上级请示工作前做到自己心中有数，至少准备三个以上的解决这个问题的方案。千万不要说："老总，这事还做吗？要做我等您的指令。"作为一个合格的职业人，这种请示工作的方法是不积极的，不利于自己成长和发展。

请示工作的时候你可以说："关于这个工作我有三个方案供参考，您看是否可行？方案一是……方案二是……方案三是……"

工作中，下级向上级提出方案时，可能会被接受，也可能会遇到另一种情况，即下级辛辛苦苦花了几天几夜的时间制订出来的方案，期待向上级提出时得到上级的赞扬和支持，但上级只说了一句话："这个方案不成熟，不能接受。"这时候，作为下级你心里会感到有一些委屈，有一些气馁。有的人甚至会因此而生气地说："这么好的方案你都不接受！你爱接受不接受，下次我不提了！"这样做就会失去机会，失去了免费向领导学习的机会。因为上级看问题的高度、广度、深度和你是有区别的，我们可以从这个过程中学到上级思考问题的方式和工作经验。

请示工作是初入职场的人经常要做的一件事情，这关系到你今后是否能有更多成长与发展的机会，也是你免费向上级学习的一个很好的途径。

方法四：实施工作求效果

职场中我们必须把自己的注意力放在如何才能创造出有利于组织成长和发展的有效工作结果上，只有这样才能得到组织的认可，才有机会和组织共同成长和发展。

某企业一位新入职的销售人员做销售工作已经三个月了，但销售业绩一直很不理想，部门主管问他为何业绩上不去时，他的回答是："我已经很努力地在做了，每天都和足够数量的客户联系并定期去拜访他们，但是他们就是不买我们的产品，我有什么办法？"这位销售人员显然不明白企业需要的真正结果不是他和多少客户联系或见面，而是有多少客户通过他的这些行为愿意购买企业的产品。

效果就是有效的结果，也是被人认可的工作结果。工作效果可能涉及数量与质量、时间成本与财务成本、局部效果与全局效果、目前效果与长期效果、业绩成果与人才培养等内容。你应该在实施中注重信息反馈，及时调整方案，勇于克服困难，坚持对结果负责，直到达成预期的效果。

方法五：汇报工作说结果

初入职场的人在汇报工作时往往会有意无意地将工作结果和工作过程混淆在一起，以至上级听得一头雾水不知所云。

有一个下级曾这样向上级汇报签协议的工作："王总，您昨天让我去见那个客户,我八点半就去了,我去的时候他还没到。后来他来了,可是他说很忙,要开会,让我等一会儿,结果没想到等到一点多,我中午饭都没吃,肚子现在还'咕咕'叫……"这个人描述了半天还是没有汇报工作结果——协议是否签定。

人们在汇报工作时说这些过程时往往是工作结果不好,所以急于说明自己已经做了很多事,自己已经很辛苦了,这其实是无意识地用描述过程来推卸责任。这种做法不应是一个职业人的做法,更不可能成为上级重用你的理由,作为职场新人的你尤其要注意这一点。

在电影《列宁在1918》中有一个非常经典的场面,列宁的忠诚卫士瓦西里运送粮食回来时,列宁问他:"粮食运来了吗?"他向列宁汇报说:"运来了,一共90车皮。"当时瓦西里已经长时间没有吃东西,以至于列宁到旁边接电话时,他饿得晕了过去。可是瓦西里没有说:"我还饿着肚子呢!先弄点吃的,边吃边说,我们这趟走得很辛苦,很危险,有几批人中途拦截向我们开枪……"因为他知道革命领袖现在最焦急等待的就是结果。

汇报工作时你首先要说结果,如果上级需要了解过程,你再说过程。企业是靠着一个个良性的结果运转的,作为职业人,你首先要关注的、要汇报的就是工作结果,因为工作结果才是企业和管理者最关心的。

方法六:总结工作改流程

改进工作流程的能力是职业化素质最直接的体现,也是在职场中取得快速进步的最有效方法之一。一项工作,分几个工作模块?它们的先后顺序是什么?工作流程是什么?第一步做什么,第二步做什么?注意事项是什么……你要学会如此一步步地将好的工作经验总结固化下来。

有一位青年在美国某石油公司工作,他的工作是巡视并确认石油罐盖有没有自动焊接好。当石油罐在输送带上移动至旋转台上时,焊接剂会自动滴下,沿着盖子回转一周,作业就算结束。他每天必须反复好几百次地注视着这种单调机械、枯燥乏味的作业。然而，此人却在这份了无生趣的工作中找到了乐趣和突破。他发现罐子旋转一次，焊接剂滴落39滴，焊接工作便结束了。他想，在这一连串的工作中，有没有什么可以改善的地方呢？有一天，他突然想到：如果能将焊接剂减少一两滴，是不是能节省成本？经过一番研究，他终于研制出"38滴型"焊接机。这个发明非常完美，公司对他的评价很高。不久，这种机器便生产了出来，并运用到实际工作中。虽然节省的只是一滴焊接剂，但这却给公司带来了每年5亿美元的新利润。这位青年，就是后来掌管全美制油业95%实权的石油大王洛克菲勒！

任何一项工作都可以在工作流程上进行改善，以取得更佳的效果。有意识地对工作流程进行改进是成为一个真正职业人的起点，从这一天起你不再是一个被动工作的机器而是一个主动工作的职业人。

如果有正确的观念、良好的心态，以及快速进步的有效方法，相信职场新人们一定可以尽快走出职场寒冰期，找到自己合适的位置和喜欢做的事，更快地成为自己想成为的那个人。

延伸阅读：

职场新人不做"黛玉"学"宝钗"

五六月份，不少毕业生已经进入工作岗位开启全新人生，悠闲的校园生活被紧张的职场生活所代替。职场需要的不是"木头人"，不是尖酸刻薄、心胸狭窄、爱使小性儿的黛玉，职场人当如端庄家人稳重，温柔敦厚，豁达大度的薛宝钗。作为职场菜鸟，你是娇嗔自我的黛玉还是玲珑自信的宝钗？

"黛玉"式职场菜鸟

生活在职场，再没有爸妈的唠叨、老师的说教，所有的事情都需要你自己去面对，就像生活在贾府中的林妹妹一样，没有人会告诉你：这样不好,那样不对。因而,有些职场新人浑然不知自己有哪些让别人讨厌的毛病。

这些毛病,被称作菜鸟的职场"雷区":

狂妄自大,目中无人,不虚心领教,盲目幻想早晚有一天自己会超越每个人,实则技能达不到企业的要求。比如,很多毕业生都在学校制作过Excel文件,但实际工作中的Excel操作非常复杂,新人们仅仅凭借在学校中的所学的,常常会觉得束手无策。

特立独行,不拘小节,用自己的方式行事,不顾及别人的感受,甚至认为他们已经"OUT(过时)"了。对于毕业生来说,求职前你应充分了解企业的文化与要求。选择了一家公司,就表示你认同了该公司的规定和企业文化,但一些毕业生并没有做好遵守的心理准备,对于一些企业要求工作时段不穿运动鞋的规章,会表达出"为什么不能穿运动鞋"的想法。

自由散漫、纪律意识差,总能为自己的失误找到借口,不喜欢被别人管教和约束,工作没有积极主动性。比如,无法按时打卡,或者经常请假。

心理脆弱受不了批评。大学生被称为天之骄子,在学校中是老师的宠儿,在家是父母的宝贝,因此有些毕业生比较娇气懒散。可是进入职场后,工作有时间和质量要求。有些新人被领导批评,可能领导只说了一分钟,而毕业生要在卫生间哭上半天。

推卸责任,缺乏独立承担的能力。一些新人总想找清闲,缺乏独立承担的能力。因此,刚入职的学生对于老板交代的工作只是为了做而做,并不知道老板希望将事情做成什么样,这就如同在学校考试一样,只达到60分他就满足了。如此你和别人的差距会越来越大。

"宝钗"式职场达人

不违反劳动纪律。老员工总是有些福利的,小动作不会影响他们的工作进度,领导对此也是睁只眼闭只眼。很多新人觉得这不公平,感觉盯在自己身上的眼睛太多了,给同学打个电话,就会被人"打小报告"。身为新人,你不要攀比这些福利,而应做到上班不迟到,下班不早退,工作时不开小差。

争做小事印象好。有些机灵的新人，刚进入公司就争做办公室的事情，想以积极的表现引起领导的关注，但过一段时间，新鲜劲过去了，就会变得懒惰，没有什么表现，让人觉得前后不一，引起他人的反感。其实，身为新人，你应该多做力所能及的小事，而且一定要低调地持之以恒地进行。比如，复印机没纸，悄悄加上，饮水机没水，主动打电话。

懂得沟通的魅力。你要注意对他人的称呼，如果不知道对方的职务，不管对方和你的职位有多少差距，称"您""老师"或"姐""哥"都是比较适合的。你不必刻意讨好他人，开玩笑要有"度"，要学会友善地尊重别人。工作之外，你要懂得和同事分享一些自己的兴趣爱好，参加或组织周末一起活动等。但是不要和谁都过于热乎，在没有搞清楚人际关系前，不要轻易加入公司的小团体。不要谈论别人的是非及私生活，不要过多地要求别人。

不害怕犯错误。你一定要多向前辈们请教，虽然即便如此也难免会犯错误，但千万不要在接受领导和同事批评的时候，还借口连连。你应端正自己的态度，积极按照别人的指点，弥补错误造成的损失，并主动承认自己的不足，承诺自己不会再犯同样的错误。

不计较个人得失。身在职场，一切为了公司利益，尽管拿到的项目可能并不如想象中的满意，或许为了工作不得不舍弃在意的约会，但你不要将自己的损失或付出挂在嘴上、记在心里，须知将本职工作做好，才是对自己最好的证明。面对困难重重的工作过程、不平衡的金钱回报，你不妨试着感激地说："这是对自己的历练"吧。

第二章

晴雯的悲剧
——职场上最可怕的是找不准自己的定位

晴雯算得上是丫环中的顶尖人物。王熙凤说过"样貌最好的要数晴雯了"，从"勇晴雯病补雀金裘"那一回我们能看出，她的女红也是相当出色的，而贾母把她派到宝玉身边做贴身丫环，是把她作为准姨娘后备人选培养的。

可是晴雯虽身为丫环，却心比天高，搞不清楚自己的定位，顶撞上司、讽刺同事……招致了很多人的不满。最终落得个被赶出园子，香消玉殒的结局。

人最可悲的就是不了解自己，晴雯的悲剧正在于此。

自我定位，找到你的位置最关键

哈佛大学有一个非常著名的关于目标对人生影响的跟踪调查。调查的对象是一群智力、学历、环境等条件都差不多的大学毕业生。

调查结果是这样的：27%的人没有目标；60%的人目标模糊；10%的人有清晰但比较短期的目标；3%的人有清晰而长远的目标。

之后的25年，这些受调查者开始了自己的职业生涯。

25年后，哈佛再次对这群学生进行了跟踪调查。结果是这样的：3%的人，25年间他们朝着一个方向不懈努力，几乎都成为了成功人士，其中不乏行业领袖、社会精英；10%的人，他们的短期目标不断地实现，已成为各个领域中的专业人士，大都生活在社会的中上层；60%的人，在安稳地生活与工作，但没有什么特别的成绩，几乎都生活在社会的中下层；剩下27%的人，他们的生活没有目标，过得很不如意，他们常常抱怨他人，抱怨社会，抱怨这个"不肯给他们机会"的世界。

其实，这些人的差别仅仅在于：25年前，他们中的一些人知道自己到底要什么，而另一些人则不清楚或不是很清楚。

《红楼梦》里，晴雯的失败也正是在于她没有袭人那样清楚地明白自己想要什么。她与袭人同样为贾母指定给宝玉的丫环，袭人抢先一步与宝玉有了肌肤之亲，又把麝月、秋纹笼络在自己身边，对宝玉的母亲更是表了忠心。而晴雯却完全没有目标，没有为自己铺设一条道路。

1. 晴雯最大的失败——没有给自己准确的定位

其实晴雯并非不爱宝玉,看她病补孔雀裘那段就知道。当时晴雯已经病倒几日,但这件孔雀裘是贾母赠的,非常珍贵,看宝玉着急的样子,唯一会针线的晴雯挣扎着"坐起来,挽了一挽头发,披了衣裳。只觉头重身轻,满眼金星乱迸,实实撑不住。待不做,又怕宝玉着急,少不得狠命咬牙捱着。便命麝月打下手,一针一线,一直做到凌晨四点多"。当最后一针补好时,晴雯终于松了一口气,身不由主睡下了。如此拼命,可见晴雯对宝玉的情意。

而宝玉也是喜欢晴雯的,他为搏红颜一笑,拿扇子让晴雯撕。聪明若晴雯应该知道宝玉对自己的好,而当时贾母看她样貌好,人伶俐,把她给了宝玉时,晴雯也知道,自己跟袭人同样是宝玉的姨娘的候选人。可是宝玉已经跟袭人初试云雨,自此宝玉视袭人更比别个不同,袭人待宝玉也更为尽心。

晴雯不是没有这样的机会,只是她一直以为自己是贾母指定留给宝玉的,就必然会和宝玉在一起,因而宝玉邀请晴雯跟自己共浴,晴雯一口回绝,她不屑于这样的手段。

直到晴雯被赶出贾府,宝玉去看望晴雯,晴雯才悲愤地对宝玉说:"只是一件,我死了也不甘心的。我虽生得比别人略好些,并没有私情蜜意勾引你怎样,如何一口死咬定了我是个狐狸精?我太不服。今日既已担了虚名,而且临死,不是我说一句后悔的话,早知如此,当日也另有个道理;不料痴心傻意,只说大家横竖是在一处。不想平空里生出这一节话来,有冤无处诉。"

临死前,晴雯选取了一种特殊方式,给枉耽的虚名充实进了实际内容。她剪下自己的指甲送给宝玉,又将自己贴身穿的红绫袄给了宝玉。

　　王蒙在自己的书中曾说:"一个人应该知道自己能够做什么,应该做什么,必须做什么;更应该知道不应该做什么,不要做什么,其实做也做不成什么。"

　　所以说,一个人要想有一个好的职业前景,就必须在正确的位置上做正确的事,给自己一个准确的职场定位。只有这样,才能物尽其用,让我们的人生价值达到最大化。

　　那么,如何帮助自己进行职场定位呢?

　　第一步:对自己说,你一定会找到答案。

　　让自己有肯定的心态,你便可以找到答案。这个过程会花费很长的时间,但没有关系。确定感可以帮助你逐步获得"反自我放弃"的身体机制,避免在寻找答案的过程中,因失望而放弃。

　　第二步:列出自己的愿望清单和技能清单。

　　不要觉得你可以在自己的头脑里做这一切,拿张纸,列出你的每一个兴趣和每一种哪怕微不足道的技能。你也可以想想自己对什么不感兴趣,然后写在反面。或许你会发现技能和兴趣的重合,将那些记下来,用于第三步。

　　第三步:留出一些真正的独处时间,集中精神,通过问自己正确的问题来描绘自己想要做的事。

　　人们会留出时间听音乐、烹饪、看电影、读书,但却不曾留下任何时间,考虑关系自己未来的东西,这让人很惊奇。在独处的时候,你必须问自己一个十分清楚的问题,清楚在这里是关键,问题越清楚,答案也就越简单。不要一上来就问自己"我喜欢做什么?"这样的问题太宽泛,让我们把它变窄点,尝试着问你自己——

　　(1)自己的价值观是不是和职业相符?

　　很多大公司都重视员工的个人理念和公司的理念是否相符,只有理念相符才能让公司和员工达到最有利的契合点。其实这个很好理解,就像两个人要有共同话题或者是共同的目标才能一起走得更远一样。个人选择职业也是这样的，和自己有共同目标的公司自然能为自己提供更多的资源和平台，如此取得事业上的成功就会变得更加容易。

(2)自己的兴趣所在？

一个人能否在从事的职业和工作上获得成功，与他对这种职业的兴趣大小有很大的关系。虽然兴趣并非事业成功的唯一条件或决定因素，但一个人对一种职业或工作完全不感兴趣，就很难在这一行有所建树。

人的职业兴趣爱好大体分为这几种类型，对比一下，看看自己属于哪一种类型：

①现实型：喜欢机械、工具、植物或动物，偏好户外活动。

②传统型：喜欢从事整理资料工作等琐碎的工作。

③企业型：喜欢和人互动、自信，有说服力、领导力，追求政治和经济上的成就。

④研究型：喜欢观察、学习、研究、分析、评估、解决问题。

⑤艺术型：喜欢用想象力和创造力在自由的环境中工作。

⑥社会型：喜欢教导、帮助、启发或训练别人，重视人与人之间的沟通和交流。

了解了自己所属的类型后，你要问自己：我在日常生活中喜欢什么？我能否利用自己的能力和兴趣，为自己和别人创造价值？

这种价值是通过什么方式创造的？

这种价值创造如何与事业结合在一起？可以通过什么方式赚钱？

(3)自己的性格是什么？

性格作为个性的核心部分，对个体择业有很重要的影响。有的人性格开朗，说话很有感染力，适合做销售；有的人敢于冒险、勇于开拓，适合做企业家；有的人不喜欢和人交际，能够专注做事，很适合做研究。了解自己的性格才能选好职业，做到职业和性格天衣无缝地结合在一起才是最高境界。

(4)自己的职业能力如何？

有的人天生在某方面就有很高的天赋，还有很多人不一定具有很突出的能力，不要紧，后天的培养可以战胜这些不足。可你要知道自己什么地方还不够好，千万不可以盲目自大。

2. 不要按自己的喜好去生活，职场是需要经营的

晴雯十岁的时候被赖大买去做丫头，是奴才的奴才，后来像礼物一般孝敬给了贾母。贾母看她样貌好，人又伶俐就让她去照顾宝玉。她和袭人是平级，在怡红院同是一等大丫环，可是当袭人为自己的人生道路做铺垫时，晴雯却毫无动作。事实上，晴雯不清楚自己想要的是怎样的人生，她仅是随着自己的性情生活，看不得别人的奴性，也看不惯袭人采取的手段。她好强任性，自己是个奴才，却对身为主子的宝玉也一样不买账。

晴雯只按自己的喜好去生活，却不懂得人生是需要经营的。

因坠儿偷镯子之事，晴雯借着宝玉之名让宋嬷嬷"今儿务必打发他出去"，坠儿母亲让晴雯给留个脸，晴雯坚持："这话只等宝玉来问他，与我们无干。"坠儿母亲则认为宝玉不过是听了晴雯的调停才要撵坠儿出去，晴雯听后越发急红了脸发狠说："你在老太太、太太跟前告我去，说我野，也撵出我去！"幸好麝月出面调解，坠儿母亲口不敢言，抱恨而去。而事实上，彻查此事的平儿原本就不想让晴雯知道这事，她知道晴雯脾气火爆，只是私底下与麝月说了是坠儿偷了"虾须镯"，想要息事宁人，不巧被宝玉听到而传到了晴雯耳中，才引出这场风波，若不是麝月劝阻，恐怕晴雯这一闹，又要演化出大观园中的丫头大洗牌。

既然这件事情由平儿主持，做下属的自然要遵从领导的意见，可是晴雯不管不顾，擅自做主将坠儿撵了出去，既得罪了领导也招来了下人的嫉恨，还差点儿把事情闹大。显然晴雯的性格是不适合做丫环的，事

实上她也不适合做姨娘。袭人拉拢人心的时候，她只管对袭人冷嘲热讽，两个人的醋意很明显。袭人为了自己以后能安稳地做姨娘，选择拉拢性格跟自己相近、好相处的宝钗，不时递出去些消息，还常在王夫人面前帮着薛宝钗说话。而晴雯看到薛宝钗来这里说话说得晚了心里厌烦，不去拉关系只一味埋怨，那边黛玉叫门，她也懒得给开，两个少奶奶候选人她都不买账，以后相处起来，后果可想而知。

作为职场新人，有了明确的目标后还不够，还得知道如何去经营这个目标，一旦你认定你的目标是值得达成和值得投入能量的，就要把它当成首要的事务。你可以先挑一两件最重要的、你能在职场中创造并能专注于其上的事物，问你自己："哪一样是我现在能在职业生涯中创造的最重要的事物？"然后就开始经营它。

在经营的过程中，你要注意以下原则：

第一，你最好知道，自己想要的事物是如何成为你的工具的，是如何让你在生活中经常展现更美好的特质的。当你吸引某样事物时，请思考你想要具有的特质是什么。

第二，除了吸引具体的事物之外，吸引你想要的事物的本质或特质。如果你不知道它的实际的形态，你可以吸引你想要的事物的一个象征。象征非常有力量，因为它们能超越所有你对自己可能拥有的事物的想法和信念。

第三，要求你想要的事物，甚至要求更多。

第四，热爱和愿意拥有你想要的事物。你要对你想要的事物抱有积极的态度，因为更高更积极的想法和态度比担忧、恐惧和紧张对你想要的事物更具吸引力。

第五，相信你拥有自己想要的事物是可能的。

第六，不纠结于你正在召唤的事物的结果，对它保持超然的心态。如果它没有来临，或以不同于你期待的形态出现，那也没什么。在你要求某样事物之后，无论到来的是什么，都要坦然接受。

在经营的过程中,你要不断地问自己以下问题,它们有助于你找到自己的闪光点,更好地经营你的目标。

(1)我究竟有什么才干和天赋?什么事情我能做得最出色?与我所认识的人相比,我的长处、高人一筹的东西是什么?

(2)我在哪一方面有激情?有什么东西特别使我激动向往,使我分外有冲动去完成,而且干起来不仅不觉得累,还会感觉其乐无穷?

(3)我的经历有什么与众不同之处?能给我什么特别的经验和能力?运用它我能做出什么与众不同的事?

(4)我最明显的缺陷和劣势是什么?

(5)时代和环境有什么特别之处(地理、政治气候、历史经济、文化背景等因素)? 这其中有什么东西会对我的机遇产生影响?

(6)我与什么杰出人物有往来? 他们有哪些杰出的才干、天赋和激情? 与之合作(或跟随他们),能得到什么样的机遇?

(7)我的何种需要得到满足?

要知道,发现自己的长处不易,经营长处更难。因为经营长处需要放弃一些东西,要勇于拒绝眼前利益的诱惑。专心地做自己最拿手的事情,不仅要一心一意,还要不跟风,不动摇。有一些员工常常这山望着那山高,因为贪图安逸,放弃自己的专长,去从事一些安逸的工作,殊不知,这样做的结果只能是一事无成。

延伸阅读:

测试自己适合做什么

如果你想知道自己适合做什么,下面的这个小测验也许对你有所帮助。

如果有机会让你到以下六个岛屿旅游，不用考虑费用等问题，你最想去的是哪个？

A.美丽浪漫的岛屿。岛上有美术馆、音乐厅，弥漫着浓厚的艺术文化气息。

B.深思冥想的岛屿。岛上人迹较少，建筑物多僻处一隅，平畴绿野，适合夜观星象。岛上有多处天文馆、科博馆以及科学图书馆等。

C.现代的岛屿。岛上建筑十分现代化，是进步的都市形态。全岛以完善的户政管理、地政管理、金融管理见长。

D.自然原始的岛屿。岛上保留有热带的原始植物，自然生态保持得很好，有相当规模的动物园、植物园、水族馆。

E.温暖友善的岛屿。岛上居民个性温和、十分友善、乐于助人，社区均自成一个密切互动的服务网络，人们多互助合作，重视教育，弦歌不辍，充满人文气息。

F.显赫富庶的岛屿。岛上的居民热情豪爽，善于企业经营和贸易。岛上的经济高度发展，处处是高级饭店、俱乐部、高尔夫球场。

答案中的六个岛屿代表着六种典型的职业生涯兴趣类型。

A.实用型。适合的职业：制造业、渔业、野外生活管理业、技术贸易业、机械业、农业、技术、林业、特种工程师和军事工作。

B.研究型。适合的职业：实验室工作人员、生物学家、化学家、社会学家、工程设计师、物理学家和程序设计员。

C.艺术型。适合的职业：作家、艺术家、音乐家、诗人、漫画家、演员、戏剧导演、作曲家、乐队指挥和室内装潢人员。

D.社会型。适合的职业：教师、社会工作者、牧师、心理咨询员、服务性行业人员。

E.企业型。适合的职业：商业管理、律师、政治运动领袖、营销人员、市场或销售经理、公关人员、采购员、投资商、电视制片人和保险代理。

F.事务型。适合的职业：会计师、银行出纳、簿记、行政助理、秘书、档案文书、税务专家和计算机操作员。

3.是丫环，就要做好丫环的本分——安于其位才能尽好自己的责任

每个人都要有与位置相符的能力。世界第一高峰珠穆朗玛峰之所以是攀登者心中的圣地，在于它本身拥有的高度；哈佛大学之所以是众多人心目中的理想殿堂，在于哈佛本身的实力——给你思考，成就更好的你。所以，我们要看到珠穆朗玛峰、哈佛大学本身的价值，因为这才是最本质的东西。

一块石头并不会因为一个美丽的盒子就成了宝石，而一颗金子即便在一个角落里也会发光。我们要学会让自己拥有这个位置需要的能力，给自己的能力找一个合适的位置。

贾府等级森严，人分三六九等，晴雯本属丫头之流，却在宝玉面前表现得任性骄横，哪里还有半点丫头的样子？反而是宝玉处处好脾气地顺着她，生病时护着她。宝玉正闷闷不乐，偏偏晴雯失手将扇子骨跌折，宝玉责怪她顾前不顾后，晴雯冷笑："二爷近来气大的很，行动就给脸子瞧……嫌我们就打发我们，再挑好的使。"宝玉一听气得浑身乱颤，两人闹的不可开交，众人都进来跪下央求。事后宝玉服软，拿果子给晴雯吃，晴雯却自嘲："我慌张的很，连扇子还跌折了，那里还配打发吃果子呢！倘或再打破了盘子，还更了不得呢。"

另一回，黛玉来找宝玉，晴雯嫌晚了，不愿意开门，就打着宝玉的旗号说是宝玉交代了，谁来了也不开门，造成黛玉对宝玉的误解。

一个丫环，懈怠工作至此，可想她的傲慢懒散。

在其位谋其政，既然身份是丫环，就要做好丫环的本分，不符合身份的小姐脾气让晴雯这个丫环受到很多非议，也难免她在彻查大观园时

会被小人算计。

名正才能言顺，安于其位才能尽好自己的责任。在社会的大舞台上，我们扮演着不同的角色，处在不同的位置。有时，即使是同一个角色，随着剧情的推演也会有所变化。我们能做的就是了解自身的能力，给自己一个好的位置。

徐向阳中年时下岗了，为了生计，他不得不四处奔波。

看着身边的人，有炒股的、做生意的、开出租的，一个个都很赚钱，徐向阳也动了这方面的心思——去开出租吧。但是，他连汽车都没摸过，更别说驾驶证了。

通过托亲戚、找朋友，徐向阳终于在一家酒店上班了。虽然工作不是很累，但他总觉得没什么前途，没什么意思。后来回到老家，徐向阳开始调整自己的思路，自己以前不是在报刊上发表了不少文章吗？为什么不把它们复印下来，装订成册呢？也许有了这些资本，能找一个不错的工作。

在省城，徐向阳跑了很多场招聘会，专门找一些文字工作岗位应聘，结果单薄的大专文凭和已不再年轻的年龄让徐向阳举步维艰。那些日子里，徐向阳每天做的事，就是买报纸看招聘广告，赶场应聘、投放简历，然后在一些含糊的答复中等待招聘单位的消息。

一天，徐向阳终于等到了一家文化单位面试的电话通知。那一刻，徐向阳的心里翻江倒海，酸甜苦辣，什么滋味都有。徐向阳精心准备了面试可能要回答的问题，直到凌晨三点才进入梦乡。

天道酬勤，徐向阳十几年的工作经验，以及那些剪辑的文章帮了徐向阳的忙。这次没有太多的波折，徐向阳从二十余名应聘者中脱颖而出，成了一名内刊编辑。用招聘单位负责人的话来说，他们想找的是一名能立即投入工作进入角色的编辑，而不是华丽的文凭。

经过几年漫无目的的奔波，徐向阳终于找准了适合自己的位置。一年来，徐向阳一边工作，一边努力学习编辑的业务技能和刊物的行业知识，他负责编辑的文章没有出现过一次差错，有一篇还获得了省期刊年度好编辑奖。业余时间,徐向阳撰写了一些文章投给全国各地的报纸杂志,发表了的有300余篇。

徐向阳找准了自己的位置,实现了自身的价值。

对一个人来说,生活中最大的困难不是失败与挫折,而是如何摆正自己的位置。挫折、失败只是人们遭受的外来"痛苦",此时如果没有内在的调整,没有迅速恢复的能力,没有一个好心态,就无法从痛苦中走出。有时,正是外在的不幸或际遇,让一个人找到了更好的位置。鲁迅原本想通过学医来救治国人的身体,但最终他弃医从文,拾起笔做匕首;史铁生饱受几十年坐轮椅的痛苦,但他不屈服于命运的安排,从纸笔中发现了自己的文学才华,向世人展示了一个更积极、更健康的自己。

这个世界并不是只有伟人,也不是只有普通人。有时,伟人之所以是伟人,就在于那个位置——位置让他去调整自己、锻炼能力等。每个人都可以去选择自己的位置,选择自己的生活方式。不同的位置有不同的精彩。位置本身没有绝对的好坏高低,好坏高低只是我们的一种评判,不同的人可以根据自身的心境和感觉做出判断。

只要我们安心于自己的位置,能够在这个位置上付出,便会有自己的精彩,便能在自己的位置上构筑一个丰富的世界。不满于自己的位置,但又不清楚自身的能力,找不到合适位置的人,总是飘忽不定,他们会失去更多的风景和可能。

改变自己,适应别人
——吸取晴雯的教训

晴雯性情甚高,看不惯别人的种种,小红攀高枝,她冷嘲热讽;宝玉给麝月梳头发，她给予嘲笑；袭人称宝玉与自己"我们"，她又是一通讥讽；坠儿偷东西的事情败露，还躺在病床上的她拿起针就扎坠儿的手。她眼睛里容不得一点沙子，总是盯着别人看，却很少自省。她疏忽了自己狂傲得罪人太多，疏忽了自己尖酸惹人嫉恨，疏忽了自己跟宝玉没分寸的玩闹导致的流言……这正如许叶芬在《〈红楼梦〉辨》中所言："聪明人往往不知检束，又胸无宿物，不知自立堂援，其取祸速败也固宜。"

晴雯是个聪明人，却瞻前不顾后，引起了他人的嫉妒和王夫人的误解，最终自身难保。如果早一点知道自省，懂得自律，收敛下自己的脾性，或许晴雯不至于落得被赶出贾府香消玉殒的悲惨结局。

当一个人不再对别人苛刻，不再要求别人适应自己，而是通过他人的镜子、现实的镜子或者是历史的镜子来剖析自己、调整自己，通过改变自己去适应别人的时候，便是在走向成熟和理智。

比如，一位同事对你的态度不太友好，你能让他对你有礼貌的唯一方法，就是先改变自己对他的不好印象，对他表示友好和善意。卡耐基曾说："想要别人怎样对你，你就要先对别人怎样。"

改变自己，适应别人，是为了营造更和谐的关系。

1. 看清楚自己的优势和劣势——别做过于自负的晴雯

不少红学家都认为，"晴有林影，袭乃钗副"，同为宝玉的贴心丫环，晴雯如芙蓉花明丽耀眼，而袭人则是如桃花般低眉柔顺，这让两人的结局截然相反：晴雯是被撵了出去含恨而死，而袭人则换得了圆满的姻缘。

观晴雯之言行举止，虽然性格突出，但与袭人相比，晴雯的确是不大会做人，这主要是因为晴雯有些过于自负。

在心理学中，自负人格突出表现为：有强烈的自我表现欲，自我评价过高，极端的自我专注；经常有自我陶醉性的幻想；期待他人的特殊偏爱和关注。自负的人在团队合作时，虽不乏责任心，却时常自负傲慢、妄自尊大，漠视他人的自尊和利益，对他人的批评不屑一顾。

晴雯虽是个丫环，却比其他丫头都长得美。凤姐曾说过："若论这些丫头们，共总比起来，都没晴雯长得好。"王保善家的也认为晴雯"模样儿比别人标致些"，由此王夫人十分担心她会把宝玉勾引坏，可见晴雯的确是美人胚子。凭晴雯的美貌，一向认为"女儿是水做的骨肉"的宝玉自然是偏爱晴雯的，这样的美貌和宠爱也助长了晴雯的性情，"一味任性，不计利害"，有趣的是，晴雯的火爆性子尤令宝玉喜爱。而其美貌和性情的互补，也使得晴雯在怡红院里颇受宠爱。

但是，这份宠爱也导致了晴雯对自我身份的认知偏差，让她有时候真把自己当成了大小姐。

秋纹因得了太太的奖赏而高兴万分，晴雯笑道："呸！好没见世面的小蹄子！那是把好的给了人，挑剩下的才给你，你还充有脸呢！"秋纹道："凭他给谁剩的，到底是太太的恩典。"晴雯道："要是我，我就不要。若是给别人剩的给我也罢了，一样这屋里的人，难道谁又比谁高贵些？把好的给他，剩的才给我，我宁可不要，冲撞了太太，我也不受这口气！"晴雯心气甚高，不屑主子的赏赐，没有当丫头的自觉和顺从。这样的心思传到王夫人耳中，恐怕王夫人是不会高兴的。

晴雯、麝月皆卸罢残妆，脱换过裙袄。晴雯只在熏笼上围坐，麝月笑道："你今儿别装小姐了，我劝你也动一动儿。"晴雯道："等你们都去净了，我再动不迟。有你们一日，我且受用一日。"但是三更半夜，麝月起来服侍宝玉喝茶，晴雯也来讨要，麝月听说，只得也服侍她漱了口，倒了半碗茶给她吃了。晴雯生病了，太医来看病见晴雯的金凤仙花染的指甲和削葱根般的手指，也以为晴雯是小姐。在生病休养期间，晴雯也得到了宝玉周全而细致的照顾，为她要汤要羹进行调养。佳蕙曾暗中嫉妒晴雯"仗着宝玉疼他们，众人就都捧着他们"。晴雯的架势在怡红院的小天地中有宝玉撑腰，自然是不成问题，可好巧不巧却被王夫人看见了，便惹来了祸端。

与宝玉的最后会面,晴雯对自己的遭遇忿忿不满:"只是一件,我死也不甘心,我虽生得比别人好些,并没有私情勾引你,怎么一口死咬定了我是个'狐狸精'!"但对于宝玉的到来,她显得宽慰不少:"今日这一来,我就死了,也不枉担了虚名!"从中可得知,晴雯与宝玉之间并无私情,一切不过是虚名。从晴雯的认知而言,她觉得自己并无不妥,反而是行得正,所谓身正不怕影子斜,因而她做事一贯是爽直透彻的。这是晴雯最惯用的自我防御机制,她以为明眼人一看就能明白。

但是事实真是如此么?显然不是,宝玉为她千金一笑而献上扇子任其撕,为她暗中打点找来太医看病,甚至放任她一起打闹嬉戏,明眼人看在眼里,会作何感想呢?总之王夫人是"很看不上那狂样子",凤姐觉得她"轻薄些",袭人也觉得:"太太只嫌他生的太好了,未免轻狂些。太太是深知这样美人似的人,心里是不能安静的,所以很嫌他。"即使行得再端正,也不要将自己孤立于别人与环境之外,还需要看看周围的反应,毕竟人不是孤立于世的,善于感知他人对自己的情绪,与人交善,才是处事之道。晴雯的教训也在于此,她太过于专注自我的做人正直与清白而不知检点。

情感小贴士:

如何远离情商低?

情商低是生活中的常见现象,情商低之人往往为人直爽开朗,对事不斤斤计较,并爱打抱不平,仗义执言;但情商低之人也常遇到不少烦恼,如直言直语而引起非议;心直口快而得罪他人。说到底,当情商低的表现影响到个人的家庭生活、工作乃至人际关系时,它就是一种性格缺陷,需要加以调整完善。其实,情商低的人往往会变得以自我为中心,这本身就需要改正。对此,我们可从下面几个方面入手:

(1)学会不断反省

就是学会"一日三省"。这是远离情商低的前提条件,只有当人们觉得情商低会给自己的生活带来困扰不便时,才会愿意改变自我、完善自我。因此,你要在为人处事中不断反省自我:今天的言行举止,是不是得罪了什么人了?为什么自己老是在说错话?自己在哪方面情商低了?人只有不断反省,才能不断进步。

(2)学会换位思维

很多情商低的人,都过度相信自己的感觉和判断,在行动前没有很好地与外界沟通交流,因而变得孤芳自赏。例如有些人喜欢在别人说话时插嘴,发表见解,有些人喜欢按照自己的思维去推测他人的想法。这些都是自恋自负的表现。当人们试图将自己思考的落脚点转向他人时,他就会逐渐走出自我,学会多关注他人,少表现自我。

(3)学会同感共情

就是学会感同身受。学会关注别人还不够,人还要学会同感共情,在沟通中通过对他人语气、身体语言等来感知他人的情绪。久而久之,你必然会练就一颗细致的心,这既是对自我成长的挑战,也是对个人情商开发的要求。人只有能充分感受他人的情绪,才愿意调整自我的言行。

(4)学会三思后行

就是学会谋定后动。不少情商低的人都是急性子,或者毛毛躁躁而虑事不周,因此情商低的人遇到挫折或者急事时容易直率冲动。心理研究发现,当过度愤怒或者焦虑时,稍微将情绪延压几秒,就能极大地去这些消极情绪的体验,让结果大相径庭。因此,遇事时我们应多思量多冷静,三思而后行。此所谓"宁肯不说话,也不要说错话"。

(5)学会审时度势

就是学会把握时机。所谓情商低,就是缺乏审视周围环境的"心眼"。因此,情商低之人欲"长心眼",就要学会把握细节,纵观全局,将事件等串联起来思考。当然,改变在于点滴的累积,绝非一时一日之事。

2. 不要总是认为自己有足够的优势来证明别人的劣势

从青涩到成熟,对于每个人来说都是一个重大的转折和挑战。如何在全新的环境中恰如其分地展现自己的实力,自信地迈出第一步,成为了很多人的头等大事。然而有些人却误解了自负和自信的含义。

在贾府里,最有小姐派头的两个丫环一个是晴雯,一个是司棋。

王善保家的曾在王夫人面前这样形容:"一个宝玉屋里的晴雯,那丫头仗着他生的模样儿比别人标致些。又生了一张巧嘴,天天打扮的像个西施的样子,在人跟前能说惯道,掐尖要强。一句话不投机,他就立起两个骚眼睛来骂人,妖妖趫趫,大不成个体统。"

司棋是二小姐迎春的头等大丫环,迎春性格木讷,平日里大小事基本都是司棋拿主意,这更使得司棋骄狂任性,忘了自己丫环的身份。她派莲儿到厨房要碗鸡蛋,听说柳嫂子给鸡蛋不利落,便带一帮小丫头子来到厨房,二话不说,就下令:"凡箱柜所有的菜蔬只管丢出去喂狗,大家赚不成。"这样的脾性完全是把自己当成主子了。

自信和要强是应该的,只不过一旦过了头就变成了自负和自傲。在别人眼里,这样的人起码缺乏最基本的谦虚精神,总会给人一种"办事无轻重"、"不可靠"的印象。

现在的职场更是如此,如果你有自己的想法,请不要用自负的方式来阐述,如果你有过人的能力,也不要"门缝里看人"。

李泉是某公司的新进员工,高大英俊,口才不凡,在应聘的时候得到了主考官们的一致好评。李泉刚进公司,就成为了办公室的红人。原本看好他的上司对他寄予了很大的期望,但是没过多久,问题就来了。李泉所在的部门每个星期都会进行一次例行会议,由上司来主持,用以相互交流各自的工作心得和工作进度。初来乍到的李泉,在第一次参加会议的时候就表现出了他的"好口才",在业务会上跟同事和上司展开了激烈的辩论。

在讨论工作计划安排的时候，他总是认为自己的方案无可挑剔，将其他人的方案批驳得一无是处。在讲到某个具体观点的时候，还会揪住对方的小细节，滔滔不绝地要跟对方辩论到底。不但在会议上是这样，在日常工作中，李泉对他人的行事模式也总是看不惯，总认为自己的就是最好的，习惯性地发挥他的"三寸不烂之舌"，强势地要求对方按照自己的思路走，肆意贬低他人的努力，直到对方甘拜下风、哑口无言方才罢休。如果谁认为跟他纠缠没有意义，不愿意跟他说话，他就愈发认为谁都不如自己。

李泉的这种"自我感觉良好"的习惯，要从他的第一份工作说起。李泉的第一份工作是在机关，因为办公室里的领导在他眼里"水平都很低"，因此李泉看不起他们，对他们的态度也很冷淡。领导自然不会喜欢这样老是给自己脸色看的属下，因此过了一段时间之后，李泉发现在机关里的一切福利待遇他都未曾享受到，而麻烦的事情总是一件接一件地需要他去处理。李泉觉得自己受到了不公平的待遇，变得越发桀骜不驯，看不起任何人。

就这样，在机关里的一年多的时间，李泉被所有人孤立。在离开之后，李泉仍然认为自己身上不存在任何问题，是机关的人眼界太低，无法容忍他这种高能力的人才，排挤自己。

岂料，在现在的公司，李泉遇到了同样的问题。骄傲的本性使得李泉在工作中急于摆出与众不同的姿态，他看不惯别人的生活和工作方式，认为他们都是在浪费时间。他想要帮助别人，但是说出口的话，却成了自以为是的教训。日子久了，同事们跟之前的机关领导一样，开始疏远他，还有不少客户跟李泉的上司反映："你们单位的那个李泉口才倒是挺好的，可是跟他打交道怎么就那么不舒服呢？怎么老觉得自己被他教训呢？"

自我感觉太好的李泉，很明显地又在工作上碰钉子了。冷眼和流言越来越多，最后连上司也对李泉不耐烦起来。不到三个月，李泉就被请出了公司。

在生活中，跟李泉一样觉得谁都不如自己的人不在少数。他们往往会表现出超强的自信，而这种自信在别人的眼里会被解读成"自负"、"自以为是"。

每个人都有自己独特的个性，但在进入社会之后，为了安身立命的需要，你应该及时为自己补课，认识理想与现实之间的差异，学会包容与自己不同的生活和工作方式，学习用理智看待工作和人际关系，用感性来经营人与人之间的关系。

人心是最难捉摸的，它远不像表面看上去的那么简单。能力也是一样，最忌讳的是用个人标准去评判，给别人打上无能的标签。我们不要总是认为自己有足够的优势来证明别人的劣势，也不要认为自己的见解永远都是正确的，更不要在嘴皮子上寻求一时之快，否则只会和李泉有一样的结果。

作为社会群体中的一员，既然已经跟周围的人身处同一个组织，同一个环境，就说明你仍然是一个普通人，不是某个特殊的人。想要站稳脚跟，你首先要学习与周围的人相处，容纳不同的观点，不要总是摆出一副自命不凡的姿态与人争论，你不可能永远是正确的。

3. 晴雯VS袭人——适应企业文化的员工才能被重用

在《红楼梦》中，袭人和晴雯，都是宝玉房中的大丫头。若比起来，袭人的相貌远不及晴雯。晴雯水蛇腰，削肩膀，高挑身材，眉眼恰似黛玉，足称贾府丫头中的第一美女。真是：其为质，则金玉不足喻其贵；其为性，则冰雪不足喻其洁；其为神，则星日不足喻其精；其为貌，则花月不足喻其色。

就这么个长相极其玲珑的女子，原本大有成为宝玉小妾的可能，但是由于太过咄咄逼人，不懂得借用"变色龙"的保护色，晴雯断送了自己的花样年华。

若把贾府比做一个企业，晴雯的行事风格显然和贾府的"企业文化"是格格不入的。而袭人却不同，她处处得人赏识，受人喜欢。原因是，她能迅速并且不露声色地改变自己的"颜色"，不但和企业的文化相融合，而且个人价值观和王夫人十分相似，所以她的条件虽不及晴雯，但下场比晴雯好很多。

在职场中，也是一样的。面对日益变化的环境，职场人唯有像变色龙一样，随时随地跟着环境的变化而改变自己，才能迅速适应它。

其实，没有哪位领导愿意重用与企业文化格格不入的员工，除非这个领导愿意为这个员工改变企业的文化。一个人如果得不到领导的重用，原因可能和其不能适应企业文化有关。

因此，作为一个职场人，你若想获得更快捷的职场发展途径，尽快适应企业文化是第一步。不同的企业文化，对人才使用的侧重点也是不同的。只有深入了解该企业的文化氛围，并融入其中，你才会有更广阔的发展空间。

态度决定一切，细节决定成败

历来，红学家对晴雯之死是有争议的，但大多人都认为袭人是晴雯之死的元凶，是袭人的告状，才导致了晴雯之死。

晴雯从小被卖给贾府的奴仆赖大家为奴。赖嬷嬷到贾府去时常带着她，贾母见了喜欢，赖嬷嬷就把她孝敬给了贾母。晴雯长得风流灵巧，眉眼有点像林黛玉，口齿伶俐，针线活尤好。晴雯的反抗性最强，她蔑视王夫人为笼络小丫头所施的小恩小惠；嘲讽向主子讨好邀宠的袭人是"哈巴狗儿"；抄检大观园时，唯有她"挽著头发闯进来，豁一声将箱子掀开，两手捉着底子，朝天往地下尽情一倒，将所有之物尽都倒出"，还当众把狗仗人势的王善保家的痛骂一顿。她的反抗，遭到了残酷报复。王夫人在她病得"四五日水米不曾沾牙"的情况下，把她从炕上拉下来，硬给撵了出去。当天宝玉偷偷前去探望，晴雯深为感动，便绞下自己两根葱管一般的指甲、脱去了一件贴身穿的旧红绫小袄赠给他。当夜，晴雯悲惨地死去，宝玉深感哀伤，特作《芙蓉女儿诔》祭奠晴雯。

那么，晴雯真的是因为袭人向王夫人告状，才导致王夫人下令把病中的她逐出大观园，以致其惨死在家中的吗？

袭人是王夫人安排在怡红院的"间谍"，所以，怡红院的大小事，袭人少不了要向王夫人如实回报。如果说袭人要想害晴雯，那么，袭人应该很早在王夫人那里"吹风"，给晴雯"小鞋"穿，但事实不是这样，后来王夫人连晴雯是谁都不知道，可见，袭人平时并没有在王夫人那里说晴雯的坏话。袭人是一心想做姨娘，并为了这个目标，在工作岗位上兢兢业业，还以身相许，连王夫人都说，袭人才是最可靠的人，还给袭人涨了工资，是丫环里工资拿的最高的。袭人人缘关系也特别好，比林黛玉在贾府的人缘关系要好上百倍。大家也公认袭人就是准姨娘，所以，袭人在姨娘的问题上应该是没有危机感的，没有谁能竞争得过她。袭人向王夫人建议要宝玉搬出园子，目标并不是晴雯，那么为什么最后却是晴雯成了牺牲品呢？这可能与晴雯的个性有关，因为她平时性格张扬，得罪了很多王夫人身边得宠的婆子们，比如王善保家的，以致她们在王夫人面前参了自己一本，才导致自己被逐出贾府。所以说，晴雯的死是她自己"风流灵巧招人怨"，不能怨别人。

下面就以现在职场人与人之间的微妙关系来分析一下晴雯的个性，

看一看晴雯在如今的职场能否生存下去？

1. 态度不好的晴雯——好心态才能成就好人生

晴雯是个凶狠的小姑娘，这样一来，就不知不觉地得罪了许多人。背后不知道有多少人在说她坏话，后来这些话传到当权者耳朵里，使得她给当权者的印象非常坏。

与上司的关系：晴雯的上司应该是宝玉，可她却偏不把宝玉放在眼里，宝玉的话她也要顶撞。虽然宝玉平常对下属很不错，也很关照，特别是对女下属，经常和她们打成一片，但你也要明确自己的身份，你是丫环，宝玉是你的主子，主子的话你要听。用现在话来说，就是上司的话说错了，也要听。不要因为主子对你好，你就连自己姓什么都不知道了。况且是你自己做错了事，你就得老老实实地听上司的教训。但是，晴雯的胆子却很大，她失手摔了宝玉的扇子，宝玉只不过随口说了她几句，还谈不上教训，她便不依不饶，对宝玉厉言指责，大加顶撞，最后还是宝玉以"撕扇事件"来博得晴雯一笑。表面上看，晴雯是胜利了，可她在不知不觉中得罪了上司。当然，晴雯的死与宝玉毫无关系，只是晴雯的这种不尊重上司的性格在现在的社会肯定是要吃亏的。

与同事之间的关系：晴雯与同事之间的关系处理得也不是很好，常对能力强的同事热嘲冷讽，不能好好地团结同事。首先她经常对袭人热嘲冷讽，袭人的工作态度和能力是没有话说的，深得她上司的上司王夫人的赏识，晴雯嘲讽袭人服侍主子服侍得再好，还不是一样吃"窝心脚"？还对袭人进行威胁，说："你以为你们干得那些好事，我不知道？"这里虽没有说是什么事，但可以看出晴雯喜欢拿别人的隐私做文章，很八卦，这在现在的职场是很多人瞧不起的。晴雯还和秋纹、麝月拉帮结派，搞小团体，离间挑拨同事关系。晴雯不仅与自己办公室的同事搞不好关系,和别的科室的同事关系也一般。袭人和别的科室的平儿,鸳鸯等关系都非同一般,而晴雯在大观园中却没有几个很知心的朋友。在现在的职场,搞小团体,被别的同事孤立,要想在公司好好混乱下去,是很难的,就更别谈发展了。

与下属的关系:与下属的关系那就更不用说了,晴雯欺负小红就是最好的例子,虽然秋纹和麝月也是帮凶,但晴雯应该是主谋。如果她们对小红好一些,小红就不会另谋高就,当然,小红也因祸得福,找到了更好的上司,有了更好的发展,她的结局比晴雯要好得多。晴雯对那些怡红院的老妈妈婆子们,也没有个好脸色,有时甚至是骂骂咧咧,指手画脚,很不礼貌。这也许就是她把自己送进坟墓的根源。

晴雯要是活在现在,在现在的职场,以她的这种个性,是很难有立足之地的。有谁愿意和这样的人同事呢?"木秀于林,风必摧之",这是至理名言。在那场抄捡大观园的大运动中,老总王夫人发话了,声势造得那么大,不抓出个典型来,王夫人那里肯定是不好交差的。那抓谁呢?王熙凤是最有权力说话的,因为她是这场运动的最高执行者。王熙凤是何等的人物,是何等的精明,怎么会说你们抓谁不抓谁?其实决定权最后落在了几个执行者——王夫人的几个亲信陪房手里。她们掰手一算,这几个丫头里,肯定是晴雯最不顺眼了。因为平时晴雯最冲,也没少得罪她们。"枪打出头鸟",所以,生性风流灵巧的晴雯就不明不白地成了冤死鬼。

所以说,有好的态度才会有好的人生,影响我们命运的不是环境,不是条件,不是身高,不是文凭,不是出身,更不是腰包里有没有钱,而是态度。很大一部分人不是没有能力,不是缺乏知识,而是缺乏一种对待工作的积极态度,他们凡事都采取无所谓的态度,久而久之就形成了"无所谓"的不良习惯。

我们每一个人都需要在步入社会的第一天就培养自己积极主动的心态,这样才能使自己在以后的生活中始终占据主动地位。

那么如何才能逐渐培养起自己的积极主动的心态呢?这里有几条简单可行又有效的方法,只要我们坚持就一定会见效,到那时,你会看到一个不一样的自己,你会在同事和朋友眼中发现一个不一样的自己。

(1)每天确定一项明确的任务。这个任务可以是工作上的,可以是提高自我能力上的。然后你要把确定的任务或事情用大大的字体写在台历的醒目位置或者是其他的醒目位置,这样你一抬头就能看见。你甚至可以把确定的任务或事情告诉你的同事或朋友,让他们提醒你。这种方法很有效,因为人都是有自尊的,当你的亲人或朋友询问你的工作任务完成得怎样时,即使你忘记了或者进展缓慢,也会积极主动地抓紧时间去做。这还可以不断加强你的执行力。

(2)每天至少做一件对他人有价值的事情,不要在乎是否有报酬。比如,帮同事查查资料,但不要期望同事给你什么回报,或者给身边的人们需要的帮助。

(3)日清日毕,当天的事情当天完成,不留尾巴。否则,事情越拖越多,既压力大又挫伤了自己积极完成任务的信心,还会影响任务完成的质量。长此以往,你将陷入被动做事的怪圈,为培养积极主动所作的努力会付诸东流。

4)每天告诉别人养成积极主动习惯的意义,至少告诉一个以上的人。你若能坚持做到这一点,就成了为"积极主动做事"信念布道的使者,你的心态必会得到一种"质"的改变,支持着你的行动向"积极主动"上转变。相信你很快就会养成积极主动的好习惯,一旦机会出现,你一定会牢牢抓住,成就自我。

2. 不懂说话艺术的晴雯——给别人留面子才能给自己铺就成功路

晴雯性格刚强,不满于自己的奴隶处境,要求平等的地位、人的尊严和权利,但她的反抗矛头有时只指向奴仆,比主子还威风。她始终都鄙视袭人,常常大胆而尖锐地讽刺袭人、麝月、秋纹等人的奴性。只要一有机会,她就会用她那锋利无比的语言冷嘲热讽、戳人要害。如她嘲笑一心想向上爬的红玉:"怪道呢! 原来爬上高枝儿去了, 把我们不放在眼里。"秋纹偶然得到王夫人赏赐的两件旧衣服,正在洋洋得意,晴雯却想起王夫人曾把好衣服赏赐给袭人的事。她说:"呸! 好没见世面的小蹄子! 那是把好的给了人,挑剩下的才给你,你还充有脸呢……一样这屋里的人,难道谁又比谁高贵些? 把好的给他,剩的才给我,我宁可不要,冲撞了太太,我也不受这口气! "

晴雯刚强的语言风格可见一斑:唇枪舌剑,锐利尖刻,锋芒毕露,桀骜不驯,善于冷嘲热讽,好说反语,不给对方留面子。

而袭人阴柔的语言风格则与晴雯形成鲜明对比。她说话温柔和顺,常常照顾别人的脸面与情绪。她识大体、顾大局,善于察言观色,揣摩迎合,不轻易发表意见,不愿意得罪他人。第三十四回,她向王夫人告密的那段话,就说得含蓄巧妙,不仅掩盖了自己,还取得了王夫人的信任,她所追求的宝玉侍妾的地位也因此有了端倪。当王夫人询问宝玉被打的原因时,她的语言技巧不可谓不高超。"今儿在太太跟前大胆说句不知好歹的话,论理……"她故意欲言又止,"说了半截又咽住",但终于说出了那几句:"论理,我们二爷也须得老爷教训两顿,若老爷再不管,将来不知做出什么事来呢! ""我为这事,日夜悬心,又不好说与人,惟有灯知道罢了。"此时,她的话说得很委婉得体,但极具杀伤力。

即使你有善意的初衷, 但如果在众目睽睽之下使对方颜面尽失,对方不仅不会意识到你的初衷，还会为了自卫而产生逆反心理，进而做出对你不利的事情。相反，如果你能够适当地替对方保住面子，让对方对你产生亏欠感，在以后的接触中他会对你肃然起敬，有求必应。

常言道："人要脸，树要皮。"这句看似简单古老的言语，却蕴涵着人性的特点：爱面子。每个人都爱自己的面子，因此在你拼命维护自己面子的同时，千万不要忽略了别人的面子。因为面子也像物理学中的力一样，是相互的，只有给别人留足面子，才能反过来给自己创造面子。有时给人留面子也是尊重对方的表现。

马斯洛在其需求层次理论中提到，"人有被尊重的需求与自我价值实现的需求"。什么是尊重？给他人留面子无疑属于尊重的一种。什么是自我价值的实现？一个不给人留面子的人，就是不懂得尊重别人的人。这样的人在得不到别人的尊重时，便失去了自我的价值。生活中这样的例子比比皆是。

在一次生产会议上，一位公司的产品质量总监，曾就某个材料的质量问题，当着会议上众人的面厉声质问一位质检员。这本来并不是非常严重的事情，但是他的语调以及态度带有很强的攻击性，言辞也极为苛刻。事实上这位总监只是想提醒质检员在工作中要更为认真和严肃。

这名质检员本来在公司中是出了名的好脾气，但是这次为了使自己不致在同事、领导、下属面前失面子，竟然和这名总监吵了起来。两个人在会议上闹得很僵，最后这名总监在尴尬中不了了之。

在这次事件之后，这名老实的质检员在工作中经常表现得不积极，并且在两个月后离开了公司，去了另外一家同类公司，据说他在那里是一名非常称职的质检员。

有一位先生，上岳父家吃饭，进餐时翁婿两人聊起了一条高速公路的修建问题。那位先生强调：公路的进度一再推迟，是有关方面的错误；岳父则不同意，他认为公路本来就不该兴建。两人你一言我一语，争论渐趋激烈。后来那位岳父大人把问题扯到"年轻人自私心重,没有环保意识",很显然是在批评那位先生。那位先生怕再争论下去伤和气,便缓和下来,婉转地说:"可能我们的看法永远也不会合辙,可是,那没有什么。也许我们都是对的,也许我们都是错的,这也是未可知的事。"那位先生的一席话,不仅给自己搭了台阶,也给对方打了圆场,避免了双方争论不休,矛盾扩大,影响感情。试想,那位先生如果意气用事与岳父争论下去的话,结果会如何?

有时,给别人留点面子,其实就是给自己留面子。在茫茫人海中,如果我们不想被孤立,就必须学会如何与人相处。

曾有这样一则寓言:两只羊同时从不同方向走上独木桥,彼此都不肯让步。最后在激烈的角逐下,谁也没有占到便宜,两只羊都坠入河里,命丧黄泉。

人们在生活中,也常常遇到像这两只羊同时相向过独木桥的情况,这时我们该怎么办呢?让步,这个词在有些人的观念里与和退缩画上了等号,和懦弱是同义词。有些人始终抱着"为什么要我让步"这样的主观情绪,以及"让步就是弱者"等错误观念,不愿意在争执、甚至走路时做出让步,总是希望对方能够按照自己的意志去做。

然而"得理不饶人"虽然让你吹着胜利的号角,但它也是下次争斗的前奏,因为这对"战败"的对方来说是一种面子和利益之争,他当然要伺机"讨"回来。所以请给别人留个台阶下,为他留点面子和立足之地!

给对方留面子是一门艺术,更是一门学问。现实生活当中,这种人与人之间相互留面子的现象可以用心理学上的互惠原则来解释,也就是说,事关面子的问题也遵循着互惠的关系。从心理学上讲,如果你在某个场合给对方留足面子,对方的心里会产生一种负债感,这种负债感会让其内心产生压力,进而让其想方设法地通过同一方式或者其他方式还给你,以放松内心的这种负债压力。

心理学专家曾对此作了一个恰当的比喻,他们认为这就如同借钱一样，在对方急切需要钱的时候，你将钱借给对方的心理还会产生负债感，从而会想办法尽快将钱还给你，有时甚至会连带利息还给你。

人就是这样奇怪的动物，可以吃暗地里的亏，也可以吃明面的亏，但就是不能吃面子的亏，所以要想有效地影响他人，你就要善于从对方的角度考虑问题，给对方留足面子。

在广州有一家著名的大酒店，一位外宾吃完最后一道茶点后，顺手把精美的景泰蓝筷子悄悄放入了自己西装内袋里。

服务小姐不露声色地迎上前去，双手拿着一只装有一双景泰蓝筷子的绸面小匣子说："我发现先生在用餐时，对我国景泰蓝筷子颇有爱不释手之意，非常感谢您对这种精细工艺品的赏识。为了表达我们的感激之情，经餐厅主管批准，我代表本店，将这双图案最为精美并且经严格消毒处理的景泰蓝筷子送给您，您看如何？"

那位外宾当然明白这些话的意思，表示了谢意之后，他说自己由于多喝了两杯白兰地，头有些发晕，所以，误将食筷插入内袋里，并且聪明地借此台阶说："既然这种筷子不消毒就不好用，我就以旧换新吧！"说着取出内袋里的食筷恭敬地放回了桌上，而后接过服务小姐给他的小匣，不失风度地向付账处走去。

这位服务小姐巧妙地指出了对方的错误，既为对方留了个台阶，保住了对方的面子，同时，也在顾客心中树立了好的服务形象，可谓是一举两得。

法国著名作家圣苏荷伊曾在他的作品中写道："我没有任何权利去做或说任何事来贬低一个人的自尊，重要的不是我觉得他怎么样，而是他觉得他自己该如何。伤害人的自尊是一种罪过，这也包括不给人留面子。"

生活中给对方留面子是一种互助的行为。如果你是一个对面子无所谓的人，那么在工作或者生活中，你往往是个得不到大家喜欢的人。当你招致多数人的反感时，你觉得自己还可以说服他人、影响他人，进而让他人接受你的意见或者观点吗？答案显然是否定的。

所以，一个社交中的成功人士，最明智的选择是时时给别人留点面子，事事预留点分寸。这样你在给他人留面子的同时，也为自己铺就了一条通向成功的阳光大道。

延伸阅读：

麝月——智慧的职场生存者

《红楼梦》中，对麝月的描述不多，不过四五处，其他地方都是顺带一笔。第二十回中写宝玉陪贾母吃饭，因记着袭人，便回至房中，见袭人朦朦睡去，独麝月一个人在外间灯下抹骨牌。宝玉因笑道："你怎不同他们顽去？"麝月道："没有钱。"宝玉道："床底下堆着那么些，还不够你输的？"麝月道："都顽去了，这屋里交给谁呢？那一个又病了。满屋里上头是灯，下头是火。那些老妈子们，老天拔地，服侍一天，也该叫他们歇歇。小丫头子们也是服侍了一天，这会子还不叫他们顽顽去，所以让他们都去吧，我在这里看着。"麝月知道体贴人，体贴的也都是同她一样的下人，她并不为做给谁看，因为只她一人在屋子里。她也并不邀功，只说没钱。人都在宝玉身边，袭人温柔大方，晴雯风流灵巧，对她倒没有过多的着墨。只此点一句，"宝玉听了这话，公然又是一个袭人"。麝月跟袭人到底还是不一样的。麝月是个真正懂得自己该说什么，该做什么的人。她不是嘴拙心笨才寡言少语，她比袭人和晴雯更懂得生存的智慧。她不奢望宝玉，知道人多嘴杂，她也知道太过招摇就会招人怨，但是临事时她却不退缩。第五十二回晴雯打发偷镯子的坠儿出去，坠儿妈不服气，说了一番话，把晴雯气得红了脸。麝月说了一番话，说得坠儿妈"无言可对，赌气带着坠儿走了"。第五十八回，晴雯为帮芳官而与芳官干娘吵架，袭人唤麝月道："我不会和人拌嘴，晴雯性太急；你快过去震吓他两句。"麝月听了，忙过来说了一番话，直说的"那婆子羞愧难当，一言不发"。

　　怡红院里，真正有能耐的是这位姑娘。她不显山不露水，却始终能在关键时刻站出来撑场。袭人性缓，晴雯性急，关键时刻都派不上用场，所以说麝月与袭人不同。袭人性子好，所以受宝玉奶娘的排场只能干咒不已。晴雯性子强，所以招人眼，落了别人的口舌，叫人暗算。

　　麝月同宝玉身边人的关系都很好，与袭人好是不必说的，只看袭人生病时只她一人留在房里照看，宝玉将她归类为公然又是一个袭人就看得出来。她与晴雯的关系虽然表面上看不出来，细想其实也是很好的。宝玉给麝月梳头，晴雯撞见就奚落了麝月几句。这话和她嘲讽袭人的语气不一样，麝月也没恼她，看晴、麝两人的对话，倒像是亲密的朋友间互相开玩笑的话。第五十一回，麝月半夜出去，晴雯不披衣，只穿着小袄要出去吓麝月。麝月道："你死不拣好日子！你出去自站一站，瞧把皮不冻破了你的。"晴雯生病，麝月不但照顾她，还发自内心地关心晴雯因坠儿的事动了气而伤了病体，骂晴雯"才好些，又作死"。她也喜与芳官她们闹着玩，知道坠儿偷东西也不急着打骂，只等袭人来了撵出去。

　　虽说麝月掣了一根荼蘼花的签，题着"韶华胜极"四字，边上写着一句旧诗，道是：开到荼蘼花事了，可是到底最后留在宝玉身边的只有她。故脂砚斋批语："闲上一段女儿口舌，却写麝月一人。袭人出家之后，宝玉宝钗身边还有一人，虽不及袭人周到，亦可免微小散等患。方不负宝钗之为人。故袭人出家后云'好歹留着麝月'一语，宝玉便依从此话。"

　　袭人并非乱语，她清楚以麝月的秉性，最有可能留下来。麝月聪明，正直，伶俐，善良，体贴。她了解一个丫环的本份，也懂得怎样安置自己的位置。袭人到底有私心，晴雯则是认不清楚身份。再体面的丫头也只是丫头，拂了主人的意，是说被赶走就会被赶走的。所以麝月是最智慧的生存者，她是正真独立而自我的存在。

第三章

低调做人,难得糊涂

——给职场"王熙凤"的告诫

　　王熙凤是大观园里当之无愧的执行官,在协理宁国府时,王熙凤出色地表现了她的管理才能。

　　然而,这个二奶奶"对下人严些个",对那些没有掌握实权的董事会理事也不够尊敬。她太过华丽地张扬自己的厉害,仗势施威、不得人心,见好不收……她最大的短板就是判词里说的——"机关算尽太聪明,反误了卿卿性命"。所以,现代管理者一定要从王熙凤的教训中明白一个真谛,那就是低调做人,难得糊涂。

锋芒不外露，才有任重道远的力量

大多数人是很精明的，遇事不肯吃半点亏，曹雪芹笔下的王熙凤更是如此，但她机关算尽，反误了卿卿性命。所以古人才说真智慧是大智若愚，藏巧于拙，郑板桥才说人生是"难得糊涂"。

古人云："鹰立如睡，虎行似病。"故君子要"聪明不露，才华不逞"才有任重道远的力量。这大概可以形象地诠释"藏巧于拙，用晦而明"这句话的具体涵义。

但是太多人不懂装糊涂的智慧，总想着以自己的聪明才智取胜，急于展现自己的才能，最后因锋芒太露而惹来灾祸。

1. 不管你职位多高，都要学会尊重上司

《红楼梦》第三回讲的是林黛玉初进荣国府的故事。凤姐一露面，便展示了非凡的演技，且悲且喜、连哭带笑把一又酸又辣的凤辣子的个性展示得入木三分。出场戏结束后，凤姐紧接着要向王夫人汇报工作。曹雪芹通过林黛玉的眼，这样细细打量王熙凤：

说话间，已摆了茶果上来，亲为捧茶捧果。又见二舅母问他："月钱放过了不曾？"熙凤道："月钱也放完了。才刚带着人到后楼上找缎子，找了这半日，也并没有见昨日太太说的那样的，想是太太记错了。"王夫人道："有没有，什么要紧。"又说道："该随手拿出两个来给你这妹妹去裁衣裳的，等晚上想着叫人再去拿罢，可别忘了。"熙凤道："这倒是我先料

着了,知道妹妹不过这两日到的,我已预备下了,等太太回去过了目好送来。"王夫人一笑,点头不语。

凤姐脑子转得快,绝不会错过任何一个自我表现的机会,她深知,荣国府的最高统治者是贾母,讨得了贾母的欢心,自己就有了坚实的后台,以后提干加薪也就有了保障。王熙凤知道林黛玉是贾母最疼爱的女儿的贾敏之女,贾敏去得早,贾母自然万分心疼自己的外孙女。她这话一出口,贾母必然会很高兴:自己的孙媳妇这么孝敬,小姑子人还没到,做嫂子的生活用品先已经准备齐全了。相比起来,两个儿媳妇还是做舅妈的,都比不上凤姐这个做嫂子的体贴人、会办事!

上级领导还没吩咐,就早早地准备了为林妹妹做衣服的缎子,说明凤姐确实办事效率高,能想领导之所想,急领导之所急。可是王夫人当着贾母的面让王熙凤给林妹妹找缎子也是为了表现自己关心外甥女,想要讨好贾母,王熙凤却着急把这功劳全抢去了。即便王熙凤是王夫人的亲侄女,此时,王夫人内心多少也有些厌烦感的。但姜还是老的辣,王夫人此时没有表现出任何不悦,只是一笑,点头不语,不轻易将自己的喜怒哀乐露于言表,这才是高手。

荣国府此时的最高领导是贾母没错,但县官不如现管,论起来,王夫人才是正牌的当家太太。那时,凤姐还只是被王夫人调过来协助工作的代理管家,脚跟还没站稳,即便站稳了脚跟,开除她还是留用她,也只是王夫人一句话的事。凤姐巴结王夫人绝对要比巴结贾母有用处得多,而且,从长远角度来看,王夫人年轻,而贾母已经年迈,如果贾母一死,没有好人缘的凤姐就会面临全盘皆输的危险,实际上也是如此。

作为一个下属,如果希望获得上司的欣赏,学会尊重上司的决定是第一要诀。不管你的职位有多高,你都不能忘记一点:你的工作是协助上司完成经营决策,而不是制定决策。

"糟了!糟了!"王经理放下电话,就叫了起来,"那家便宜的东西,根本不合规格,还是原来的好。"接着,王经理狠狠捶了一下桌子,"可是,我怎么那么糊涂，竟写信把他臭骂一顿，还骂他是骗子，这下麻烦了！"

"是啊！"秘书张小姐转身站起来，"我那时候不是说吗？要您先冷静冷静，再写信，可您不听啊！"

"都怪我在气头上，想这小子过去一定骗了我，要不然别人怎么那样便宜。"王经理来回踱着步子，指了指电话，"把电话告诉我，我亲自打过去道歉！"

秘书一笑，走到王经理桌前："不用了！告诉您，那封信我根本没寄。"

"没寄？"

"对！"张小姐笑吟吟地说。

"嗯……"王经理坐了下来，如释重负，停了半晌，又突然抬头，"可是我当时不是叫你立刻发出吗？"

"是啊！但我猜到您会后悔，所以压下了。"张小姐转过身，歪着头笑笑。

"压了三个礼拜？"

"对！您没想到吧？"

"我是没想到。"王经理低下头去，翻记事本，"可是，我叫你发，你怎么能压？那么最近发往美国的那几封信，你也压了？"

"我没压。"张小姐脸上更靓丽了，"我知道什么该发，什么不该发……"

"你做主，还是我做主？"没想到王经理居然突然站起来，沉声问。

张小姐呆住了，眼眶一下湿了，她颤抖着、哭着喊："我，我做错了吗？"

"你做错了！"王经理斩钉截铁地说。

张小姐被记了一个小过，是偷偷记的，公司里没人知道。但是好心没好报，一肚子委屈的张小姐，再也不愿意伺候这位"是非不分"的王经理了。

她跑到孙经理的办公室诉苦，希望调到孙经理的部门。

"不急！不急！"孙经理笑笑，"我会处理。"隔两天，公司果然做了处理：张小姐一大早就接到一份解雇通知。

为什么张秘书救了公司，公司非但不感谢，还恩将仇报？

一个秘书，如果不听命令，自作主张地把经理要她立刻发的信，压下三个礼拜不发，岂不成了经理？如果有这样的"黑箱作业"，以后交代她做事，谁能放心？

再进一步说，自己部门的事，跑去跟别的部门经理抱怨，这工作的忠诚又在哪里？

如果孙经理收留了她，能不跟王经理"对上"了？也许孙经理还这样想："今天她背着经理，来向我告状，改天她会不会倒戈，又跟别人告我一状？"

所以张小姐不但错了，而且错大了，她不但错在不懂人情，更错在不懂工作伦理。王经理毕竟是她的上司，凡事还是他做主。出了错，他最先承担，有面子，也该由他来卖。此外，张小姐还必须知道，下属永远要向着上司，就算在工作上对立，自己与上司在立场上也是一致的。

办公室是一个团体，作为领导，其有一定管理原则，有一定的经营目的。下属的责任，就是要在这一管理原则下，让自己的工作做得更好，这样才能协助上司达成经营目标。

如果每个人都认为听从上司的话，顺着上司的意思去工作，就是逢迎、拍马屁，而只按自己的想法去做，那么这个办公室将会成什么样子？没有统一的经营观念，没有制度的约束，做什么事情都是随心所欲，不用想也知道，用不了多长时间这个公司就会垮掉。下属一定要把这个问题搞清楚，这样你才能跟上司和谐相处。

作为下属，最重要的是摆正立场，不要咄咄逼人，给上司压力。如果功高盖主，威胁到上司的地位，到最后吃闷亏的还是你。

2. 你可以聪明，但要学会大智若愚

1848年，英国的维多利亚女王和她的表哥阿尔伯特公爵结了婚。有一次，女王敲门找阿尔伯特。"谁？"里面问道。"英国女王。"女王回答。门没有开。敲了好几下以后，女王突然明白了什么，用温柔的语气说："我是你的妻子，阿尔伯特。"这时，门开了。这就是女王的聪明之处：再要强的女人也要懂得示弱。

有的女强人深知做人之术，她们无论在职场怎么呼风唤雨，到了家里，总能记得自己是妻子的角色，懂得给丈夫留些面子。就连女王也知道，公众面前她是女王，但在家里她还有妻子的身份。

但凤姐太年轻，也太心急了，还不懂得这个道理。

在随后的职场生涯里，凤姐把自己的的伶俐本质发挥得淋漓尽致，旁人称她做起事情来比男人还中用。如此凤姐越发得意，不但管着府内的事情，还把权力的触角伸到了府外，伸到了男人们的地盘。在过去，男主外，女主内，职责范围划分的非常清楚，而凤姐仗着自己能干，大胆越界了，连带着抢了老公贾琏的风光。

《红楼梦》第二十四回书中，贾芸向贾琏、凤姐夫妻二人求职的故事最能体现出凤姐跟老公争权的意思。

至次日，来至大门前，可巧遇见凤姐往那边去请安，才上了车，见贾芸来，便命人唤住，隔窗子笑道："芸儿，你竟有胆子在我的跟前弄鬼，怪道你送东西给我，原来你有事求我。昨儿你叔叔才告诉我，说你求他。"贾芸笑道："求叔叔这事，婶子休提，我这里正后悔呢。早知这样，我竟一起头求婶婶，这会子也早完了。谁承望叔叔竟不能的。"凤姐笑道："怪道你那里没成儿，昨儿又来寻我。"贾芸道："婶子辜负了我的孝心，我并没有这个意思，若有这个意思，昨儿还不求婶子？如今婶子既知道了，我倒

要把叔叔丢下，少不得求婶子好歹疼我一点儿。"凤姐冷笑道："你们要拣远路儿走，叫我也难说，早告诉我一声儿，有什么不成的？多大点子事，耽误到这会子。那园子里还要种树种花，我只想不出个人来，你早来不早完了。"贾芸笑道："既这样，婶子明儿就派我罢。"凤姐半晌道："这个我看着不大好，等明年正月里烟火灯烛那个大宗儿下来再派你罢。"贾芸道："好婶婶，先把这个派了我罢，果然这个办的好，再派我那个。"凤姐笑道："你倒会拉长线儿，罢了，要不是你叔叔说，我不管你的事。我也不过吃了饭就过来，你到午错的时候来领银子，后儿就进去种树。"说毕，令人驾起香车，一径去了。

　　贾芸虽然名义上是贾府子弟，但龙生九子，个个不同，贾府的子孙也分有钱和无钱两种。有钱的当然是挥金如土，没钱的甚至连府中有头有脸的奴仆都比不上。贾芸是个待业青年，守着寡妇老娘过日子，过去没有低保收入一说，所以当时贾芸常年处在无收入状态，只出不进的日子很是难熬。贾芸是个有野心、有上进心的年轻人，希望能在工作上做出点成绩，光宗耀祖还是其次，解决自己和老娘的温饱是他的首要问题。一开始他想到了表叔贾琏，想求他给介绍个工作。贾芸来求贾琏给介绍工作，贾琏是真心帮助他的，好几次都想给他安排个出路。无奈的是，贾琏心有余力不足，府里为数不多的职位已经被老婆的关系户占尽了，他对贾芸也深感抱歉："本来刚刚有个位子空下来了，但你婶婶死活让我给了贾芹了。没办法，你就只好先等等吧。"

　　这时候贾芸才顿醒，自己找关系走错了路，现如今，荣国府里说话算数的不是贾琏，而是王熙凤！于是贾芸改变策略，借了钱买了重礼，去贿赂凤姐求个肥缺。

　　一客烦二主，原本是官场上很忌讳的事情。因为这是个面子问题。人心里都有一碗醋，谁都不愿在面子上输得难看。而官场本来就是圆的，兜来转去，今天我在上，明天没准你在上，谁都不可为自己平白树敌。

　　尤其凤姐、贾琏还是夫妻，在那个男尊女卑还讲究女子三从四德的时代，凤姐不但丈夫的话不听，还硬是接了这个差儿，这不等于向下面的人说，贾琏在这个家里做不了主吗？能干的女人旺夫，超能干的女人就是败夫了，因为你的光芒会把老公挤到九霄云外去！

这个道理其实贾芸也明白个一二，如果你处在贾芸的位置上，也会觉得挺难堪，但是没办法，饿肚子的滋味实在不好受，他只能尽力奉承凤姐："我本以为叔叔有本事才求他办事的，可后来才发现他根本不做主。早就该求姐姐的，姐姐才是这家里说话作数的一把手啊！"

这话真说到凤姐心坎里去了。凤姐就是这么个对权力有着几近变态欲望的人。再加上凤姐生性爱抓尖，越是别人办不了的事情她越要办好，这样才会显示出她的本事比人强。所以听了贾芸的话，她不免得意："谁让你有近道不走偏偏绕远路。要是早求我，我早就给你办了，一点点芝麻绿豆的小事，有什么大不了的，还耽误到现在？"言下之意："你叔叔的本事跟我差远了！"

如此不给老公面子，可想贾琏心中的怨恨有多深了。凤姐一次次的逞强好胜，就等于把自己身边的亲信一个接一个地踢走。贾琏跟凤姐结婚的前几年，夫妻感情一直相当好，贾琏甚至夜夜都离不了凤姐。贾琏又是个重感情的男人，这样一个男人，如果不是凤姐让他伤心到绝望，他绝对不可能下狠心把凤姐休掉！

如果凤姐早点明白大智若愚的道理就好了，最后也不至于落得如此凄凉的下场。

社会上，那些才华横溢、锋芒太露的人，虽然易出风头、惹人注目，可是也容易遭人暗算。因此说，人们在努力表现好的一面的同时，也要想到不利的一面，这样才能保全自己。

曾国藩对"藏锋"做过精辟的论述："言多招祸，行多有辱；傲者人之殃，慕者退邪兵；为君藏锋，可以及远；为臣藏锋，可以及大；讷于言，慎于行，乃吉凶安危之关，成败存亡之键也！"

俗话说：枪打出头鸟，出头的橡子容易烂。锋芒外露，对处世、交友都有不利之处。自恃满腹经纶,在人前口若悬河,人们难免将你视为狂妄自大之徒,当面对你"洗耳恭听",转身却对你嗤之以鼻。在工作中你要学会"夹起尾巴做人",时时谦虚,事事谨慎,才能获得好人缘。只有先当孙子,才能做老子。

那些显露着聪明才智的人并不可怕,可怕的是那些隐藏自己才智的人,因为善于隐藏的人让人难以捉摸,也最让人束手无策。藏而不露,并非不露。《易经》上说:"君子藏器于身,待时而动。"把握好藏与露的分寸,才能露出真正的锋芒。有道是:灵芝与众草为伍,不闻其香而益香,凤凰偕群鸟并飞,不见其高而益高。

3. 王熙凤VS李纨——有时候不争不抢反而能获得更多

秦可卿死前曾托梦凤姐:"婶婶,你是个脂粉队里的英雄,连那些束带顶冠的男子也不能过你,你如何连两句俗语也不晓得?常言'月满则亏,水满则溢',又道是'登高必跌重'。如今我们家赫赫扬扬,已将百载,一日倘或乐极悲生,若应了那句'树倒猢狲散'的俗语,岂不虚称了一世的诗书旧族了!"

这里的两句俗语说得真好,一句是"月满则亏,水满则溢",另一句是"登高必跌重"。表面上看,这两句话说的是浩浩荡荡的宁荣二府,但实际这是说给凤姐自己听的。如果当时凤姐真的能够听得这两句话的意思,仔细品品"水满则溢"、"登高跌重"的真滋味,也许她日后的命运会很不一样,可惜的是,凤姐把良言当成了耳边风,致使她日后输得一败涂地,甚至搭上了身家性命!

欲望就像是一条锁链

有一位禁欲苦行的修道者,准备离开他所住的村庄家人,到无人居住的山中去隐居修行。他只带了一块布当做衣服,而后就一个人到山中居住了。

后来,他想到当他要洗衣服的时候,还需要另外一块布来替换,于是就下山到村庄家人中,向村民们乞讨一块布当做衣服,村民们知道他是虔诚的修道者,于是毫不犹豫地给了他一块布。

当这位修道者回到山中之后,他发觉在他居住的茅屋里面有一只老鼠,常常在他专心打坐的时候来咬他那件准备换洗的衣服,他早就发誓一生遵守不杀生的戒律,因此不愿意去伤害那只鼠,但是他又没有办法赶走那只老鼠,所以他回到村庄家人中,向村民要一只猫来饲养。

得到了一只猫之后,他又想到"猫要吃什么呢?我并不想让猫去吃老鼠,但总不能跟我一样吃一些水果与野菜吧!"于是他又向村民要了一头乳牛,这样那只猫就可以喝牛奶维生。

但是,在山中居住了一段时间以后,他发现自己每天都要花很多的时间来照顾那头母牛,于是他又回到村庄家人中,找了一个可怜的流浪汉,并带着这个无家可归的流浪汉到山中居住,帮自己照顾乳牛。

那个流浪汉在山中居住了一段时间之后,跟修道者抱怨说:"我跟你不一样,我需要一个太太,我要正常的家庭生活。"

修道者想一想也有道理,他不能强迫别人跟他一样,过着禁欲苦行的生活,就这样,半年以后,整个村庄家人都搬到山上去了。

这个故事告诉我们,欲望就像是一条锁链,一个牵着一个,永远都不会满足。

原本,王熙凤在贾府拥有一个很不错的职位——执行经理。按理说,这绝对是高薪高位,可是,她不满足于目前的状况,希望赚取更多的金钱。既然月薪是固定的,那要怎么生财呢?于是,王熙凤开始了自己"开源节流"的贪财之路。

刚开始,王熙凤主要是克扣工资,少用多报。王夫人屋里的金钏投井以后,丫环名额出缺,王熙凤作为管家,这个名额迟迟不补,为什么?她说等着人送礼送够了。很多人看上这个缺,觉得这是一个"巧宗儿",大家都要来谋这个差事，王熙凤就拖着，等大家送礼送足了才补。诸如此类的事有很多，"大闹宁国府"的时候凤姐还不忘记向尤氏要五百两银子打点，但其实她打点只用了三百两。

钱多了，贪欲也就更大了。凤姐进一步克扣月钱放债生息，不单把下人的钱拿来克扣，连老太太和太太的都敢挪用，即便是"十两八两零碎"她也要把它攒到一起放出去。小说里面不只一次写到，平儿说"每年少说也得翻出一千银子来"。

王熙凤的算计之精、聚敛之酷，是出了名的，连她自己也都知道，她跟平儿说："我的名声不好，再放一年（放是放高利贷），都要生吃了我呢。"

为了钱，凤姐还玩弄权术，"铁槛寺"这一段写的就是她收了别人的钱，连人命也不放在眼里。她府内府外，勾结官府，倚仗权势，在府里欺瞒长上。王熙凤是被自己的欲望牵引着一步步走向自己设下的牢笼。

有时候不去抢，反而得到更多

作为一个为贾家生养了接续香火之人的大少奶奶，按理说，李纨更有资格、也更应该发挥她在家族中的重要地位，积极"参政议政"才是，可事实上，李纨对整个家族的事务却很少插手。按理说，王夫人年纪大了，要找个代理经理来管理荣国府的各项事务应该找大儿媳李纨才对，可是她偏偏从宁国府外调了凤姐来管事，可想，李纨是不愿揽事的。

书中写凤姐生病，王夫人是把家政管理工作托付给李纨的，探春不过是李纨的助手。但实际工作开展起来后，却成了一切由探春主持，李纨反而退到了后台。那时候的礼教，如果没有李纨的授意，探春是不太可能不管不顾地冲到前头去的，显然这是李纨有意避让。因为李纨知道，整个家族之中，凤姐的位置是风口浪尖，是"锅里斗"的焦点，主子与主子之间的矛盾，奴才与奴才之间的矛盾，主子与奴才之间的矛盾，全都集中在这里，弄不好就会翻船。凤姐如此机警，贾琏时不时出谋划策还动辄被"参"，更何况她一个寡妇！

李纨不抛头露面并不影响她的形象，相反，倒提高了她的声誉。在下人的心目中，她心善面软，是一个活菩萨。在众小姑子眼里，她是一个作诗吃酒能和大家玩到一块去的大姐姐，一个随和的好嫂子。在贾母眼里，她"带着兰儿静静地过日子"，是一个好孙媳妇。贾母除了认为她好，还觉得她"寡妇失业的"可怜，所以让她平时领的"工资"跟自己一样多，"年终奖"也让她拿最高的，此外，还给她园子让她收租子。所以，如果不考虑李纨孤衾冷枕的寂寞的话，她的日子过得还算滋润。

李纨不争不抢，因为她知道，有时候不去抢，反而得到更多。李纨的月例银子远远高于众媳妇，和老太太、太太平等。又有园子地，可收租金。年终分年例，又是上上分儿。平日她又没什么花销，财富可想而知。她不去管事，安心教导孩子，闲暇时乐得跟姐妹们一起起诗社。在大观园中她分住的是"稻香村"，书中描写是"数楹茅屋"，外面"编就两溜青篱""下面分畦列亩，佳蔬菜花，漫然无际"，俨然是一派"竹篱茅舍"的农家风光。在后来探春结社的时候，李纨就自定了个"稻香老农"的雅号。李纨是知足的，或者说，李纨是懂得控制欲望的。知足常乐，李纨没有让自己陷入权力争夺的漩涡，而是安守着自己的小幸福。书中八十回后，写到贾府满门被抄，因为负责查抄的官员上报，李纨守寡多年，又不理家，贾家治罪，暂无她参与的证据，所以就将她们母子除外，不加拘禁。

在现实生活中，名誉和地位常常被看做是衡量一个人成功与否的标准，所以追求名声、地位和荣誉，已成为一种极为普遍的心态。在很多人心目中，只有有了名誉和权力才是实现了自身的价值。其实，人生的目的，不在于成名、成家与否，而在于面对现实，努力而为之，尽情享受生命，细心体验生活的美好。

人生在世，人人都想活得更好，人们总是在各种可能的条件下，选择能为自己带来较大幸福或满足的活法，学会控制欲望，不为名誉权力所累，懂得知足常乐，方能品出生命的美好，享受到生活的快乐。

高调做事，低调做人

华人首富李嘉诚曾经说过："保持低调，才能避免树大招风，才能避免成为别人进攻的靶子。如果你不过分显示自己，就不会招惹别人的敌意，别人也就无法弄清你的虚实。"

李嘉诚经商多年却始终能够立于不败之地，为什么？当有人向他请教成功的技巧时，李嘉诚回答说："低调，低调，再低调！"不仅如此，他还教育自己的孩子要低调做人。在李泽楷自立门户去创办盈科时，李嘉诚曾赠予他一句箴言："树大招风，保持低调。"

李嘉诚正是因为深知树大招风的道理，所以能够始终坚持低调做人的作风，甘于平凡，而这使他赢得了别人的敬畏与尊重。

如果王熙凤早有李嘉诚的觉悟，或许最后也能笑傲职场。可是，这只是个假设，她不懂树大招风的道理，好大喜功，恨不得每个人都知道自己的厉害。用现代的话讲，王熙凤是个工作狂，用书中的话讲，王熙凤是"爱揽事儿"，该她负责不该她负责的，只要有工作任务，她统统要去参与。

1. 好大喜功导致的"过犹不及"

书中第十三回，秦可卿死了，扒灰事件的男主人公贾珍一心想把秦可卿的丧事办得风光。但此时，他的老婆尤氏又犯了旧疾，不能料理事务，惟恐各诰命来往，亏了礼数，怕人笑话，因此心中不自在。当下正忧虑时，宝玉推荐了王熙凤。贾珍急忙向邢夫人、王夫人借人。王夫人怕凤姐未经过丧事，料理不起，被人见笑。此时凤姐坐不住了，书中如此描写："那凤姐素日最喜揽事办，好卖弄才干，虽然当家妥当，也因未办过婚丧大事，恐人还不伏，巴不得遇见这事。今见贾珍如此一来，他心中早已欢喜。先见王夫人不允，后见贾珍说的情真，王夫人有活动之意，便向王夫人道：'大哥哥说的这么恳切，太太就依了罢。'"

凤姐主动揽下这个差事，开始在宁国府树立自己的威严。她头天放了狠话，立了规矩，次日便拿比别人"有些脸面"的奴才开刀，打了二十板子，自此人人惧怕，事情料理得当。但是凤姐也因为这次的逞能，使得自己因劳累过度而落下了"落红淋漓不净"的暗病，导致她后来的几次小产，无法替贾琏传香火，以至于贾琏在外面包"二奶"的事暴露以后，借口说自己是传承香火为求子嗣。

这之后，凤姐的胆子更大，越发觉得没有自己拿不下的事。铁槛寺老尼净虚为了帮长安府太爷的小舅子抢亲，许她三千两银子。她便发了兴头，说道："你是素日知道我的，从来不信什么是阴司地狱报应的，凭是什么事，我说要行就行。"她通过关节暗地使长安节度使云光逼婚，结果迫使一对有情人双双自尽。

能干没有错，适当的展现自己的能力也没有错，王熙凤错就错在，她做得太过了，成功操办秦可卿的丧事，是让她在宁国府立了威，但也让她树敌许多。

爬得越高，跌得越重，这是个不变的官场潜规则。"朝承恩，暮赐死"的事情在官场中实在太多太多，尤其在官员面临改朝换代之时。一个人的能力，是把双刃剑，可以制敌，也可以伤己。古代官场上的"不倒翁"，大多都是些无所作为、无关痛痒的闲官，他们不肯做事，当然不会出错。但像凤姐这样爱表现、爱出风头的人自是不会甘于平凡的。

凤姐输在"权力"二字，尤其输在"独权"二字。独揽大权是风光事，但不见得是好事，多一个同盟军，就多一份安全。

一次，子贡问孔子："子张和子夏这两小子，老师您认为谁更贤德一些呢？"孔子将了将胡子，很深沉地说："子张嘛，做事太猛，动不动就做过头事。子夏做事倒是不过头,但又太柔欠火候。"子贡追问:"那他们俩相比来说,哪个更好一些呢?"孔子说:"过和不及是一样的,子张和子夏都是一个德性。"

过犹不及,孔子的话很深刻,在职场中是绝对真理。

历朝历代的文人墨客对汉武帝的评价基本分为两种:一种是"雄才大略,拓土开疆或曰击溃匈奴";一种则是"好大喜功,穷奢极欲或曰穷兵黩武"。《资治通鉴·汉纪十四》是这样记载的:"班固赞曰:汉承百王之弊,高祖拨乱反正,文、景务在养民,至于稽古礼文之事,犹多阙焉。孝武(即汉武帝)初立,卓然罢黜百家,表章《六经》,遂略咨海内,举其俊茂,与之立功……如武帝之雄材大略,不改文、景之恭俭以济斯民,虽《诗》、《书》所称何有加焉!"

臣光曰:孝武穷奢极欲,繁刑重敛,内侈宫室,外事四夷,信惑神怪。巡游无度,使百姓疲敝,起为盗贼,其所以异于秦始皇无几矣。然秦以之亡,汉以之兴者,孝武能尊先王之道,知所统守,受忠直之言,却恶人欺蔽,好贤不倦,诛赏严明,晚而改过,顾托得人,此其所以有亡秦之失,而免亡秦之祸乎!"

汉初,国家实行黄老"无为而治"的养民政策。到文、景之时,国家安定,百姓富足;京城积聚的钱币巨万,以致库府中穿钱的绳子都朽烂了;天下粮食到处都堆得满满的;太仓中的粮食,大囷小囷如兵阵相连,有的露积在外,都腐烂不能食用了。街坊百姓都有马,阡陌之间更是骝马成群;居住里巷的普通人也能吃上膏粱肥肉……

但到了刘彻当皇帝,财政状况急转直下。他先是对南越和闽南用兵,导致江淮一带骤然动荡不安,耗费巨大;接着开拓西南夷,凿山通道千余里,致使巴蜀一带百姓疲惫;而后,他向东开凿通往沧海郡的道路,人工费用与开拓西南夷相等;北边与匈奴的战事逐渐扩大,军需大增;之后他又调发十多万人修筑并守卫新拓展的朔方郡,因水陆运输的路程极辽远,自崤山以东的百姓都要承受这个负担,耗费数十万至百亿,国库都空虚了。由是，官府开始卖官鬻爵，捐献财物的可以补充官额，能出钱的就可以免刑，交纳羊群的可以做郎官。

汉武帝连年对匈奴作战，先是派大将军卫青以十余万兵力出击匈奴右贤王，获敌首级及俘虏一万五千人；后再派卫青出击匈奴，获敌首级及俘虏一万九千人。汉武帝出手大方，立功者赏赐黄金共达二十多万金。投降的数万匈奴也得到了厚赏，吃喝拉撒全由大汉政府统管。由于战事耗费巨大，即使倾尽库藏钱币和赋税收入，仍不足以供应战争的消耗，于是官府再行卖官鬻爵。武功爵每级价十七万，共值三十多万金。武功爵最高可至乐卿，更大者甚至可封侯或封卿大夫。

有了钱粮，汉武帝又派骠骑将军霍去病再次出击匈奴，获敌四万首级。匈奴浑邪王率众数万人投降，大汉朝廷调拨两万辆车迎接，到了都城长安，连同有功将士一并赏赐。这一年的开支高达一百多亿。

其后政府又要修通汾水与黄河的渠道，征数万人上工；因渭水船运水渠曲折绕远，所以要从长安到华阴开凿一条直渠，如此又征数万人上工；朔方也要开凿水渠，再征数万人上工。各条渠道修了两三年还未完工，耗费却在数十亿。为了征讨匈奴，必须大量养马，带到长安来喂养的马就多达数万匹，关中养马的士卒不足，就从附近诸郡征调。投降的胡人都靠政府供给衣食，政府财力不足，汉武帝亲自节约，降低膳食标准，解下乘舆上的马匹，拿出皇宫的储蓄，去供养他们。

可偏又遇上灾年，崤山以东的七十多万灾民要迁徙到函谷关以西或朔方以南的地区去，耗资以亿计。

汉武帝的好大喜功，不仅使人民处于水深火热之中，还对国家经济造成了严重的破坏，完全断送了由他爷爷和他爸爸创建的"文景之治"的大好局面。多亏他晚年能改过，所托的顾命大臣霍光等得力，才避免了亡秦之祸。

但是，王熙凤没有改正的机会。自弄权铁槛寺后见有利可图又无人管教，王熙凤越发胆大，也越发的心黑手狠，一发不可收拾：克扣月钱发放高利贷,大闹宁国府,对张华父子赶尽杀绝。弄得是内忧外患,积怨渐深。在贾府获罪之时,王熙凤的旧账都被翻了出来作为贾府的罪名。最后为王熙凤恶行埋单的是贾府,而王熙凤自己也"一从二令三人木,哭向金陵事更哀"。

2. 王熙凤VS薛宝钗——低调才能为自己积蓄更多能量

低调做人,并不是让我们在职场中克制自己的想法,而是让我们在职场中用一种谦逊随和的态度去主动争取机会,学会与他人合作。

可以说,低调是我们每一位职场人安身立命之本,只要你谦逊随和、平易近人,你就能够交到朋友、获得真情,就能够顺利地去开拓自己的事业,获得最终的成功。

说起低调,《红楼梦》里非薛宝钗莫属。说起来,她和王熙凤还是表姐妹,但两个人的性情差别非常大,一个张扬,一个内敛;一个泼辣,一个贤淑。

薛宝钗一出场就是比较低调的。书中第一次正面描写薛宝钗时,她的打扮是"一色儿半新不旧,看上去不觉奢华"。若是一出场就艳光四射,闪闪发亮,那薛宝钗就不是学养深厚的"山中高士"而变为暴发户了。

比文化知识,她不输林黛玉,别的知识也都略通一二。论医学,黛玉身子不爽,薛宝钗去探望,不是立即就给出一副养脾的方子?谈绘画,老太君叫她的四孙女惜春画出大观园的图样来,不是薛宝钗出的省时省力的画法,列出了要用的工具,还顺便讲了讲热胀冷缩的物理原理?类似事例,不胜枚举。就这么地,人家也从来没张扬过,这与她未见其人先闻其声的表姐王熙凤真是极大反差。

薛宝钗为人低调,和各方面的人都保持着一种亲切自然、合宜得体的关系，正如脂胭斋所说："待人接物不亲不疏，不远不近，可厌之人未见冷淡之态形诸声色；可喜之人亦未见醴密之情形诸声色。"罕言寡语，人谓"装愚"；安分随时，自云"守拙"。薛宝钗就连对被人瞧不起的赵姨娘等人，也未曾表现出冷淡和鄙视的神色，因而得到了贾府上上下下各种人等的称赞。贾母夸她"那孩子细致，凡事想的妥当"；从不称赞别人的赵姨娘也说"宝姑娘是个极妥当的"；就连小丫头们，也多和她亲近。薛宝钗的这种态度自然比林黛玉的任性逞才更容易被人接受，更容易赢得别人的好感，要不怎么王夫人千方百计想让薛宝钗做自己的儿媳妇？

薛宝钗从来不事张扬，做人做事一向低调，也因此，对领导的意图揣测得更是比旁人明白。比如"省亲应制"一节，写她悄悄警告宝玉元春不喜用"玉"字，把"绿玉"改为"绿蜡"。而后来贾母要给她做生日，问她爱听什么戏，爱吃什么东西，她深知老年人喜欢热闹戏文，爱吃甜烂食物，就按贾母平时的爱好回答了。说起来，薛宝钗这套拍马屁的本事可比王熙凤高明多了，不显山不露水，却深合领导的心。王熙凤却会弄得众人皆知，虽然老板受用，但旁人心里直泛酸。

大海之所以能够容纳百川，成为世界上资源最丰富、容纳力最强的地方，是因为它的地势最低。

跟大海一样，职场中的每一个人都需要积聚能量，才能够成就自我。职场能量并不能简单地用职业能力和经验来概括，它还包括了职场人在职场中所积淀的精神、气质、眼光、胸怀、直觉等无法用能力和经验来代替的东西。那么，身在职场，我们该如何来积蓄能量呢？我们应该像大海一样，放低自己，把自己放在最低处，真诚地去和别人交流，向别人学习，真正地以别人之长补自己之短，才能够在事业上有所发展和收获。

在著名歌唱家帕瓦罗蒂30岁那年的初夏，他应邀来到法国里昂参加一个演唱会。因为他提前一天赶到了里昂，所以晚上就在歌剧院附近的一个小旅馆里住了下来。由于旅途劳累，为了不影响第二天的演出，帕瓦罗蒂便提早睡了。可是睡了没多久，他就被隔壁房间传来的婴儿啼哭声吵醒了。

他本以为孩子哭几声就会停止，可没想到，那孩子好像专门和他作对似的，竟然啼哭不止。帕瓦罗蒂用被子蒙住了自己的头，可那哭声仿佛是具有魔法的歌声，颇具穿透力，一直在他耳畔萦绕，这怎能不让帕瓦罗蒂既着急又苦恼呢？就这样足足折腾了半个多小时，帕瓦罗蒂全然没有了睡意，但他并没有因为哭声惊扰了自己而去找孩子的父母理论，也没有因此而抱怨什么，而是披起被子开始在地上踱步，在心中一次次地祈祷着孩子的哭声尽快停止。

然而，那孩子的哭声根本就没有停止的意思，还一声比一声的洪亮，这令帕瓦罗蒂眼前一亮：为什么自己唱歌唱到一个小时，嗓子就会沙哑，而这孩子的声音却依然像第一声一样的洪亮？渐渐的，他开始佩服起这个孩子来，开始把孩子的哭声当做歌声来欣赏。也许自己可以从孩子的哭声中学到不让自己的嗓子变沙哑的办法呢，帕瓦罗蒂这样想。

想到这里，帕瓦罗蒂立刻变得兴奋起来，他急忙回到了床上，把自己的耳朵紧贴墙壁，细心地倾听起来。很快，他就有了不同寻常的发现：这个孩子每每哭到声音快破的临界点时，就会把声音拉回来，而且这孩子是在用丹田发音而不是用喉咙。帕瓦罗蒂开始学着用丹田发音，试着唱到最高点，依然保持跟第一声一样洪亮，这样他练了一个晚上。在第二天的演唱会上，帕瓦罗蒂以饱满洪亮的声音征服了所有观众。

可见，人只有放低了自己，才能够发现并积蓄自己能量的机会。身在职场，低调与否决定着我们职场能量的积蓄与消耗。只要我们在为人处世中放低姿态，就能够帮助自己积蓄更多的职场能量，而高调的姿态往往会使我们在烦恼中产生愤怒，如此一来，只会消耗我们的职场能量。

试想，如果当时的帕瓦罗蒂在一怒之下就离开了所住的旅馆，或者去找孩子的父母抱怨一番,也许世界上就不会出现这么一位如此优秀的"男高音"了!帕瓦罗蒂的成功,正是源于他对歌唱事业的执著和低调的生活态度,身处尴尬且苦恼的境地时,他没有抱怨也没有愤怒,而是放低了姿态,在宽容孩子的啼哭时把孩子当成了自己的老师,使自己从孩子的哭声中找出了演唱的真谛,为自己事业的成功积蓄了决定性的能量。

你只要能够放低自己,就可以在每一个人的身上学到东西有所收获,并因此得到可以帮助你成功的无穷无尽的外部能量。

低调是我们积蓄职场能量的前提。在与人接触的过程中,你是愿意帮助那些谦和低调的人,还是愿意帮助一个自以为是、高高在上的人?

身在职场,我们每一个人都会有优于别人的时候,当你在工作中取得一些或大或小的成绩时,你是否会有一种优越于人的感受?是否会随着成绩的增长,自信心也暴长?是否总感觉自己与众不同,甚至高人一等,时不时地想要显摆一下自己的能耐?如此的高姿态,即便你是无意的,别人也能够从你不经意的言语或行为中感受到,你会因此而大量地消耗掉自己的职场能量,因为,没有人会愿意与一个傲气十足、自以为是的人交朋友。而如果你能够以低调的态度面对人生,即便是在自己取得显著的成绩时,依然能够放低自己、放下身段,以平常心去和别人交往,看到别人的长处,承认自己的不足,你就能够为自己积蓄更多的职场能量。如此当你需要帮助的时候,别人会毫不犹豫地伸出援助之手,在你困惑的时候,会有人主动为你指点迷津。

凤姐让秋桐冲锋陷阵,跟尤二姐争风吃醋,自己坐山观虎斗,坐收渔人之利,不仅除掉了心腹之患,同时还成功地离间了秋桐和贾琏本不牢靠的关系,让秋桐的丑陋败坏贾琏的胃口,以致失去了贾琏的宠爱。但凤姐的假仁假义,在平儿的巧妙暗示下,终究没有逃过贾琏的眼睛。激烈较量的直接牺牲者无疑是尤二姐,而凤姐和秋桐也是得不偿失,两败俱伤。

　　说起来,贾琏的四个女人里最终的胜利者是最为低调的平儿,在这场明争暗斗针锋相对的抗衡中,平儿恰如其分地平衡了交战各方,并通过一系列找不到破绽的斡旋,不失时机地巩固和强化了她一贯的隐忍、厚道、仁慈、机智和八面玲珑的能力,赢得了贾琏的刮目相看,为最终被扶正打下了坚实的基础。

　　职场是一个忌讳锋芒的地方,如果你想登上成功的顶峰,就必须放下身段、放低自己。这既是我们对自己的理智审视,也是我们对别人的尊敬,更是我们积蓄职场能量的前提。

　　你要时刻谨记下面几点:

　　(1)定位好自己为人处世的态度,那就是:低调,低调,再低调!

　　(2)谦虚的态度要落实到每个人、每件小事上。

　　(3)讲求团队合作。在工作中要善于合作,形成合力。

　　(4)遭到误解、受到委屈的时候不要大声辩解,要学会冷处理这些"热"情绪。

　　(5)遇到恶意的攻击时要告诉自己:人无完人,没有哪个人能被所有的人接受。在职场上遇到他人不友善的目光和言行时,不必报之以恶言,还之以颜色,要做一个不战而胜的聪明人,用沉默、低调和善意的姿态回敬他,用不亢不卑的人格力量来征服他人。

3. 适时示弱,以退为进——凡事适可而止

　　越是争强越是容易成为众矢之的,不论什么时候,大家的矛头永远是指向那个领头的人。唯有守弱,才能够很好地积累实力,才有可能取得最终的胜利。

　　王熙凤素来逞强好胜,但是她却也懂得,示弱有时候比强硬更容易获得成功。凤姐小产后应充分调养,依然不肯放权,最终落下疾病。在她

身体不爽利的那段日子，丈夫贾琏却在外面偷偷迎娶了尤二姐。生米已经煮成熟饭，这个时候去闹，不会让现状有所改变，反而落实了她是母老虎，爱吃醋，容不得人的恶名。一向好强的王熙凤居然会在这件事情上示弱，让很多人刮目相看。

凤姐先是趁贾琏前脚刚走，就把东厢房收拾出来，按自己房间的规格布置；然后穿上素服去见尤二姐，以姐妹相称，将尤二姐接回府里。她成功的示弱，不但让尤二姐把她当成可以信赖的人，还博得贾琏的赞赏。她甚至在贾母、王夫人面前说尤二姐的好话，显得自己的大度，以衬出贾琏的不通情理。

紧接着，贾赦把秋桐赏给贾琏，王熙凤旧恨未除又添新恨，但此时，她还是选择了忍。她一边在尤二姐面前做好人，一边给秋桐说自己的不容易，用借刀杀人的方法除了尤二姐。

当时王熙凤小产，贾琏以为求子嗣之名娶了尤二姐，倘若王熙凤这个时候不是用的示弱的方法，而依然采取以前的那种强势做派，估计，不但跟贾琏的关系会更加僵化，还会落得不顾及贾氏家族的骂名。

实际工作或生活中，也有一些强者专门欺负弱者，即恃强凌弱，因此，示弱可以让对方摸不清你的虚实，降低对方攻击的有效性。一旦攻击失效，对方将可能收手，让自己获得生存。

在职场上，示弱是一种以退为进的表现形式，示弱不是妥协，而是一种让自己有效生存的方式。但你也要把握好示弱的分寸，因为过分示弱可能会被人鄙视。

延伸阅读：

职场"示弱"有"三不要"

在职场上，生存空间的拓宽离不开示弱，春风得意离不开示弱，示弱不是懦弱而是为了更好的前进和发展。

一、不要一味示弱

示弱是为了更好地生存,它不是妥协,如果一味示弱,就变成了懦弱。遇强者示弱,遇弱者示强这是法则,但若遇弱者你也示弱,就会出现你的生存空间不断被压缩,最终地球虽大,但无你立足之地的局面。

二、不要盲目示弱

示弱是有目的的,在强者面前,硬碰硬不可行时,你有三种选择:一是躺在地上等着对方来吃,二是与之激烈搏斗,三是示弱。

若从策略上来讲,示弱是上策,与强者激烈搏斗属中策,等对方来吃自然是下策。上策是不战而屈人之兵,当然这要付出一些代价,如面子。在古代,不少帝王将心爱的女儿嫁到蒙古、西域等地,就是在示弱,目的是为了让百姓远离战火,所以这种示弱是值得赞扬的。

三、不要无故示弱

在武术界,两大高手相遇,往往是在意识领域先进行对决,意识武功的高低通过眼神加以传递,作为旁观者可能看到双方还未动手,对决已经结束的场面。

在职场上,弱者一方示弱需要以事件作为前提,若无载体就示弱,会大大削弱自己的力量。比如说,俄国某作家在小说中描述了这样一个故事:某高官在大剧院听戏,结果邻座的一位市民突然打了一个喷嚏,高官看了他一眼。自此,这个市民一味地向其道歉,他以为高官不会原谅他,最终在郁郁中死去。

以退为进,凡事适可而止

老子曾经说过:"夫唯不争,故天下莫能与之争。"这句话的意思是,正是因为你不与人相争,所以天下才没人能够与你相争。

如果我们每一个人在日常的生活与工作中能够低调一点,以平常心来看待周围的人和事的话,我们就不会被利益所驱使,就能够坦然地面对生活中的一切。特别是当我们与同事为了某个职位或奖金而处于激烈竞争之中时,只要我们无怨无悔地付出了自己的努力,只要我

们全力以赴了,不论输赢如何,我们都应该接受现实,适可而止。即便
输了,我们也要输得体面,输得有风度,切不可因此而气恼,无端地散
布风言风语去贬低与我们竞争的同事,这样别人会看不起你,你也会
因此而孤立。

　　王熙凤为了除掉尤二姐,示弱装好人,但在尤二姐的姐姐面前可是
一点面子不给。她跑到宁国府来,将尤氏揉搓折磨,脸对脸骂了半日,半
点情面不留。后来两人表面上还算和睦,心里却结了梁子,尤氏虽不好
明着报仇,但只要有机会,绝对不会让凤姐好看。这也是邢夫人挤兑凤
姐时,尤氏为何落井下石说风凉话的缘故。

　　身在职场,常会有不如人意的时候,我们要关注的应是如何去面对
困难和不顺。当事情的结果并不是人力所能够改变的时候,我们不如选
择低调——接受现实。与其怨天尤人、徒增苦恼,不如适可而止、以退为
进,从既有的条件中尽自己的力量和智慧去发掘机会。

　　对于有大志向的人来说,低调做人并不是苟且偷生,他们认为凡事
适可而止、以退为进,是一种低调做人的智慧,是一种人生的策略。

　　在实际的工作之中,我们经常会有与别人意见不一致的时候,如果
我们始终都坚持己见,过分地强调自己的正确性,过分地坚持自己的想
法,不　定就能够说服别人赞同我们的看法或意见;相反,如果我们在
坚持自己的意见上适可而止,采取一种"退"的策略,反而容易获取对方
的信任,达到说服他人的目的。

　　富兰克林就曾经用以退为进的方法使得宪法会议产生分歧的双方
达成了一致的意见。

　　有一次,美国的宪法会议在费城举行。会议中,对于宪法的通过分为
了赞成派和反对派,两派人员讨论得非常的激烈。由于会议的出席者在
人种、宗教等方面的差异很大,利害关系也各不相同,所以整个会议的
讨论充满着火药味和互不信任的气氛。两派人员之间的言词非常的尖
锐和刻薄,甚至还夹带着人身攻击。

在这样一种情况之下，会议的谈判面临着即将破裂的局面。这个时候，持赞成意见的富兰克林适时地站了出来，他不慌不忙地对在场的所有人员说："事实上，我对这个宪法也并非完全赞成。"富兰克林的话刚一出口，纷乱的情形立即停止了，反对派的人士都用怀疑的眼光看着富兰克林。这时，富兰克林稍作停顿，然后继续说道："对于这个宪法，我并没有十足的信心，出席本会议的各位代表，也许对于细则还有一些异议，不瞒各位，我此时也和你们一样，对这个宪法是否正确抱有一种怀疑的态度，我就是在这种心境下来签署宪法的……"

富兰克林的话，使得无比激动和抱有不信任态度的反对派慢慢地平静了下来，他们在心里已然同意了富兰克林的看法——就让时间来验证一下宪法是否正确吧！于是，美国的宪法顺利地通过了。

如果富兰克林始终坚持自己强硬的态度赞同宪法的话，必然会使双方的争吵愈演愈烈，最后导致会议的失败。宪法之所以能够顺利地获得通过，在于富兰克林能够以退为进，放弃自己的坚持。

对于同一件事情，如果你一味地强调它好的一面，就会让对方对你所说的话产生怀疑，让其持有不信任的潜在心理。如果这个时候你能够借鉴一下人类潜在心理的"别扭心态"，采取一种以退为进的方法，就会获得对方的信任，从而达到自己的目的。

身在职场，如果我们的做法或观点得不到别人认可，就很难再合作下去。为了圆满地完成工作，我们必须能够劝说抱有成见的人跟我们达成一致的意见，这就需要我们掌握进退的分寸。记住，凡事都要适可而止。当你前进受阻时，不妨暂时地退让一下。有时候在退让之间，你能够把你对他人的尊重显示出来，从而获得对方好感，进而赢得对方的信任，这时你再亮出自己的观点，要说服对方的话就简单多了。

就在达尔文《物种起源》一书出版之前，达尔文接到好朋友毕莱士的来信，请他为自己写的文稿做个审定。达尔文在看了毕莱士的稿子后感到异常为难，因为这个文稿的研究结论与《物种起源》一书中的内容太过接近。这么多年的朋友了，无论这两部稿子谁先发表都会对另一个人造成心理伤害。面对多年的友谊与倾注了自己二十多年心血的稿子，达尔文犹豫了……有人劝达尔文，赶紧把自己的书出了。但达尔文最终还是选择了友谊，他决定把自己的书稿销毁。毕莱士知道后很受感动，制止了达尔文毁书的行为。此事传出之后，人们在称赞达尔文大度的同时，都知道了达尔文和他的《物种起源》。

在职场中，如果你总觉得自己有理，别人说你一句，你回别人十句的话，会使矛盾越来越激化，会让你失去更多；相反，如果我们在争吵中或在竞争中选择退一步，会有意想不到的收获。

以退为进是一种人生智慧，职场中，人与人能够相识与合作也是一种难得的缘分，我们在说服别人或者与别人竞争时，适当地作出让步是一种大度的表现，只要不违背原则，我们就不必因为态度或过错而非要"以牙还牙"。记住，凡事适可而止，以退为进反而会收获更多。

算计与被算计，小心职场"王熙凤"

《红楼梦》里，王熙凤的一生是在算计、嫉妒、贪婪中度过的。如今的职场，也可谓是鱼龙混杂，有人靠实力行走职场，有人却凭着心机占有一席之地。不论你是一个踏实肯干的人还是一个勤劳厚道的人，在这样一个高度竞争的地方，遭遇勾心斗角都是很正常的事。

问题的关键在于，面对算计与被算计，你如何才能够确保自己不为其所害？如何让自己在职场之中始终处于不败之地？

1. 谨防"两面三刀"，学会长期观察、随时调整

　　王熙凤的算计是出了名的。李纨向她要办诗社的银子，王熙凤立刻算起了李纨的收入："你一月十两银子的月钱，比我们多两倍。又有个小子，足足又添了十两，一年中分年例，你又是上上分儿……通共算起来，一年也有四五百银子。""天下人都被你算计去了！"李纨的这句话虽然是带些玩笑的性质，但对王熙凤却是一个恰如其分的评语。王熙凤的算计不仅仅是在金钱上，对人的算计更是狠辣，对她心怀不轨的贾瑞正是被她算计死的。

　　贾瑞在贾敬寿辰当日见了王熙凤，即被她的美貌所吸引，起了歹意。虽说打嫂子的主意是不该，但罪不至死。贾瑞向王熙凤含蓄透露爱慕之意："也是合该我与嫂子有缘。我方才偷出了席，在这个清净地方略散一散，不想就遇见嫂子也从这里来。这不是有缘么？"一面说着，一面拿眼睛不住地觑着凤姐。

　　凤姐多聪明，当时也不恼，还笑着夸他聪明、和气，让他赶快去入席，以免去晚了被罚，心里却暗忖道："这才是知人知面不知心呢，那里有这样禽兽样的人呢。他如果如此，几时叫他死在我的手里，他才知道我的手段！"

　　贾瑞来看凤姐，凤姐没露出半点不高兴，还暗示他白天不方便，等晚上再来。结果贾瑞等在门外，两边门都锁了，南北皆是大房墙，想跳也没什么可攀沿，站在风口上吹了一夜。当时正是腊月天，寒风凛凛，侵肌入骨，贾瑞差点冻死。好不容易挨到白天门开了他才慌忙逃走。回去后贾瑞又因夜不归宿被他老爹打了三四十板，被罚不许吃饭，跪在地上读文章。受了这么多苦，贾瑞还没明白过来是王熙凤在算计他，依然去找凤姐。王熙凤故意埋怨他失信，又让他再来，自己却安排了埋伏，让贾瑞被

贾蓉、贾蔷捉弄，勒索了银子，还浇了一头的粪。

王熙凤对尤二姐的算计也可谓煞费苦心。在得知贾琏娶了尤二姐后，王熙凤没有直接闹，而是从下人嘴里打听尤二姐的身世，要从中找出突破口。最终她得到重要线索，原来尤二姐之前是许过人家的。趁贾琏外出，她把东厢房按自己的房间收拾了，就带着丫环婆子去了尤二姐那，委屈地说自己曾经劝过贾琏让他"早行此礼"。之后她又说了很多好话，如"口内全是自怨自错，怨不得别人，如今只求姐姐疼我"，竟让尤二姐"认她作是个极好的人，小人不遂心诽谤主子亦是常理，故倾心吐胆，叙了一回，竟把凤姐认为知己"。

王熙凤两面三刀的本事真是厉害，一边在尤氏面前装好人，一面支使丫环对她冷言冷语，一面暗中找到之前跟尤二姐定亲的张华，给了银两让他写状子告贾琏，还顺带添上自己，势必要把这个事情闹大。

随后，就是王熙凤展示自己演技的时候。

凤姐儿滚到尤氏怀里，嚎天动地，大放悲声，只说："给你兄弟娶亲我不恼。为什么使他违旨背亲，将混账名儿给我背着？咱们只去见官，省得捕快皂隶来拿。再者咱们只过去见了老太太、太太和众族人，大家公议了，我既不贤良，又不容丈夫娶亲买妾，只给我一纸休书，我即刻就走。你妹妹我也亲身接来家，生怕老太太、太太生气，也不敢回，现在三茶六饭金奴银婢的住在园里。我这里赶着收拾房子，和我一样的道理，只等老太太知道了。原说接过来大家安分守己的，我也不提旧事了。谁知又是有了人家的。不知你们干的什么事，我一概又不知道。如今告我，我昨日急了，纵然我出去见官，也丢的是你贾家的脸，少不得偷把太太的五百两银子去打点。如今把我的人还锁在那里。"说了又哭，哭了又骂，后来放声大哭起祖宗爹妈来，又要寻死撞头。

凤姐在每个人面前有不同的表演，一边在尤二姐面前表现出自己体恤疼人，一边忍气吞声，为贾琏的新妾秋桐摆酒接风，连贾琏都纳闷她的改变。其实，她正在酝酿借刀杀人的戏码，利用刚进门的秋桐除了尤二姐。可怜的尤二姐被人算计了还不自知，最终在四面夹击中不堪折磨，吞金而逝。

职场上最怕的就是碰到王熙凤这样的人。这种人心机深，爱算计人，跟她打交道，必须多几个心眼才行。

张子琪是一个大公司的职员，她所在的部门里有个叫李芳的人，爱告黑状。前不久，与李芳一起竞选经理的刘玲有几天没来上班，李芳就对老板说刘玲私生活混乱，请假跟男人度假，所以没法来上班。老板一听大怒，立即辞退了刘玲，李芳顺利当选了经理。

真相其实是刘玲怀孕流产，托李芳向老板请几天病假。刘玲的话让张子琪吃惊不小，让她惊诧于李芳的胆大妄言。现在李芳已是张子琪的顶头上司，张子琪暗暗提醒自己多加小心，没想到一件小事情竟给张子琪带来了大烦恼。

周末，毕业多年的老同学约定聚聚，张子琪就提前向李芳请了半天假。上午，经理说有一组上报的数据不对，李芳一听就说："张子琪你怎么这么不小心？想早走也不能不顾工作呀？"张子琪听罢心里委屈，这数据明明是李芳给她的。张子琪忍不住拿出有李芳签名的底稿，申辩了一句："我只是把它报上去了而已。"

李芳顿时脸色阴沉下来。

十二点半，张子琪正准备走，李芳发话了："张子琪，下午经理要你报一个重要的规划，天大的事也不能走！"部门从来没有一个规划半天就能完成的，这摆明了是刁难人。张子琪终于忍不住，对她愤怒地大吼："你出尔反尔，假公济私，告诉你，甭说你不让我走，就是炒了我，今天我也非走不可！"

第二天上班，李芳就像没事人一样，但发工资的时候，张子琪的工资被扣掉了十分之一，据说是因为张子琪擅自离岗。

不久，部门去做业务培训，符合条件的只有张子琪和另外一个员工。但是通知下来后，却没有张子琪的名字。原来，是李芳在背后和经理说工作太忙，没有办法抽掉两个人。

年底张子琪没有被加薪反而被降成了次岗。张子琪越想越苦闷，再这么工作下去还有什么意思呢？

在职场中我们经常会遭遇各种小人的算计，导致自己陷入困境。那么，我们该如何对付职场小人呢？首先我们必须学会区分哪些是职场小人。

重在表现，既要听其言，更要观其行

生活中不乏口是心非的人，如果我们只听其夸夸之谈，显然会被其误导。只有行动，才能暴露一个人的本质。也只有对其具体行动进行考量，我们才能够对他作出一个大致的评价。具体考量时，我们需从以下几个方面入手：

（1）在关键时刻或者危急时刻了解他，以便看清他的性格、个性以及人品；

（2）通过他的工作了解他，可以看出他的工作能力、业务水平和敬业程度；

（3）通过其他人了解他，可以看出他在人群中的地位以及前途；

（4）通过他与别人的人际关系处理得好坏了解他，可以看出他在处理人际关系方面的能力；

（5）在是非中了解他，可以清楚地了解他的人格。

长期观察，随时调整

人是极其复杂的动物，而且很多人都有多重人格面具，因而想一次了解透彻一个人极不现实。了解一个人，需要长期观察，而不是在见面之初就对一个人的好坏下结论，因为太快下结论，会因个人的好恶而发生偏差，从而影响你们的交往。另外，人为了生存和利益，可能会戴着假面具，你所见到的也许是戴着假面具的"他"，而并不是真正的"他"。这是一种有意识的行为，这些假面具有可能只为你而戴，如果你据此判断一个人的好坏，并进而决定和他交往的程度，就有可能吃亏上当。

用"时间"来看人，就是在初次见面后，不管你和他是"一见如故"还是"话不投机",都要保留一些空间,不掺杂任何主观好恶的感情因素,冷静地观察对方的行为。

一般来说,人再怎么隐藏本性,终究要露出真面目的,因为戴面具是有意识的行为,时间久了本人就会觉得累,会在不知不觉中将假面具拿下来,就像演员一样。而假面具一拿下来,真性情就显露了。

用"时间"来看人,你的同事、伙伴、朋友,会一个个"现出原形"展现真实自我的。

所谓"路遥知马力,日久见人心",用"时间"来看人,会让对方无所遁形。

2. 如果你不想被人利用,就一定要在谨言慎行的基础上保持中立

王熙凤用精明迎合他人,其高明之处是不自己亲自操刀,而是利用智商低一些的人达到自己的目的。所以,要想不被王熙凤型的人算计,你就要对这种人加以防备,不要听风是雨,凡事自己过过脑子。对付这样的人虽然有难度,甚至防不胜防,但自保的方法也有,最简易的方法是和这种人少谈私事、心里话,让他找不到害你的突破口。有人大嘴巴,自己的事情不把牢,经常被王熙凤型的人"套走"很多私房话。王熙凤型的人貌似爱关心别人,嘘寒问暖,可是,有朝一日,他的嘘寒问暖会变为办公室斗争的借口,害你一个措手不及。

江湖险,人心更险。有人就有江湖。在贾府这个小江湖中,秋桐是个斗争的失败者,更失败的是她没有从失利的处境中吸取教训。

秋桐原是贾赦房中的丫环,贾琏偷娶尤二姐后,出门为父亲贾赦办事,事情办的很出色。"贾赦十分欢喜,说他中用,赏了他一百两银子,又将房中一个十七岁的丫鬟名唤秋桐者,赏他为妾。"然而秋桐自以为是

贾赦所赐，是"有来头的"，无人敢冒犯她，一副小人得志的架式，加以正值新婚燕尔，贾琏喜新厌旧的新鲜劲还没过，仗着正在兴头上的宠幸，秋桐连凤姐、平儿都不放在眼里，更别说同一级别又有污点的尤二姐了。

凤姐骗了尤二姐进府，正在谋划时，偏秋桐来了，凤姐暗喜，可以用她发落二姐。毕竟凤姐是正房，要身份，不好直接出马，总让那些丫环下人刻薄尤二姐，杀伤力不大。现在秋桐来了，正好让她出马，这可是明对明的热闹。

秋桐对尤二姐张口就是："先奸后娶没汉子要的娼妇，也来要我的强。"而凤姐在背后看着秋桐骂，自己只称病再不跟尤二姐一起吃饭，每日只命人端了菜饭到她房中去吃。那茶饭都系不堪之物。平儿看不过，自拿了钱出来弄菜与她吃，又被凤姐训斥，自此也只能远看。秋桐也不省事，背地里又悄悄地告诉贾母、王夫人等说："专会作死，好好的成天家号丧，背地里咒二奶奶和我早死了，他好和二爷一心一计的过。"贾母听了便说："人太生娇俏了，可知心就嫉妒。凤丫头倒好意待他，他倒这样争锋吃醋的。可是个贱骨头。"因此渐次便不大喜欢。众人见贾母不喜，不免又往下踏践起来，弄得这尤二姐要死不能，要生不得。

秋桐上蹿下跳，把尤二姐的名声搞坏了。自以为得意，自己风光，却不想正如凤姐所想：如今用了她，二姐被打压，自己有了贤良的名声。王熙凤就像一个导演，导了一出好戏！

薛蟠的妻子夏金桂也是一个心机高手，她采用了与王熙凤类似的招数，拿宝蟾当枪使，打算先除了香菱再回头整宝蟾。可见身在职场，不得不防啊。

职场是一个高竞争的地方。有人凭实力取胜，有人凭心机取胜，有人凭踏实取胜，有人凭厚道取胜。有人一点不动脑子，听风是雨，常常被人利用，比如，有人嫉妒一个人，但自己没有足够的实力或勇气去正面和那个人比拼，就用一个傻人当炮灰，达到自己的目的。很多这样被人利用的人，非但不知道自己"傻"，反而天真地认为，是那个人坏，其实，那个人和被人利用的人毫无瓜葛。

由此可见，我们只有在职场的明争暗斗中坚持做到谨言慎行、保持中立，才能够做到不被职场"王熙凤"所利用或算计，游刃有余地行走于职场之中。

其实，我们在谴责职场"王熙凤"的同时，应当自我警觉，问一问自己：我是不是一个容易被人利用的人？如果是的话，请你从现在开始就严格地要求自己：在职场中，一定要保持低调，特别是在听到一些不利于团结的传言时，一定要谨言慎行、保持中立，切不可按自己的主观意识随意传播流言。

在这方面，苏格拉底为我们作了很好的榜样。

一次，苏格拉底的一位门生匆匆忙忙地跑来找苏格拉底，气喘吁吁地说："我告诉你一件事，你可能绝对想象不到……"当时的苏格拉底毫不留情地制止了他，并郑重地问他："你告诉我的话，用三个筛子筛过了吗？"门生不解地摇了摇头。

苏格拉底继续对他说："当你要告诉别人一件事时，至少应该用三个筛子过滤一下，第一个筛子叫做真实，你要告诉我的事是真实的吗？"门生说："我是从街上听来的，大家都这么说，我也不知道是不是真的。""那你就应该用第二个筛子去筛，如果不是真的，至少应该是善意的，你要告诉我的事是善意的吗？""不，正好相反。"门生羞愧地低下了头。苏格拉底不厌其烦地继续说："那么我们再用第三个筛子来检查一下，你这么急着要告诉我的事，是重要的吗？""不是……"

苏格拉底打断了他的话："既然这个消息并不重要，又不是出自善意，更不知道是真是假，你又何必说呢？说了也只会造成我们两个人的困扰罢了。"苏格拉底接着说道："不要听信搬弄是非的人或诽谤者的话，因为他不是出自善意地和你说话，他既然会揭发别人的隐私，也会同样地对待你。"

面对职场中的风言风语，我们切不可轻信，更不可随意传播，因为它往往是职场"王熙凤"搬弄是非、打击别人的手段，如果你不想被人利用，就一定要在谨言慎行的基础上保持中立。要用苏格拉底的三个筛子筛一下，只说真实、善意且重要的事情，切不可道听途说，听信职场"王熙凤"的话，成为他人利用的对象。

3. 职场检讨术：算计别人就是伤害自己

王熙凤的聪明是一种精明，而女人的精明本身会产生一种距离感，即便是合作者，也会被她的精明吓出了几个心眼儿，看到她就想防着她。所以凤姐想找个合作者，其实很难，这也是凤姐最终失败的一个重要原因：没有同僚，没有把别人的利益与自身利益进行捆绑，到最后，她垮台，对别人来说没有任何影响，伤不到别人的皮毛筋骨，大家也就乐得墙倒众人推。扳倒了你，就等于为大家扫清了一个障碍，何乐而不为？

职场上的人际关系十分微妙复杂，稍有不慎，就会陷于被动，可以说每个在职场上摸爬滚打过的人都对此深有感触。而及时检讨，反省自己的行为，进行积极有效的心理调整，让自己适应多变的人际关系，不失为一个增强生存能力的好办法。因此，职场中人有必要时常对以下几方面做一个自检。

检讨术之一：你喜欢算计别人吗？

任何人都对别人的算计非常痛恨，而算计别人是职场中最危险的行为之一。

这种行为所带来的后果是，轻则被同事所唾弃，重则失去饭碗，甚至身败名裂。如果你经常抱着把事业上的竞争对手当成"仇人"、"冤家"的想法，想尽一切办法去搞垮对方时，你就有必要检讨自己了。

作为老板，绝对不希望自己的手下互相倾轧，他们希望每个人都发挥自己的长处，为自己带来更多的利益，而互相排斥只会使自己的企业受损失。你的同事同样讨厌那些喜欢搬弄是非、使阴招的人,每个人都希望与志趣相投的人共事。不懂得与人平等竞争、相互尊重的人,会失去大家的信任。

检讨术之二:你会经常向别人妥协吗?

在与同事的相处中不只有互相支持,还有互相竞争。因此,恰当地使用接受与拒绝的态度相当重要。一个只会拒绝别人的人会招致大家的排斥,而一个只会向别人妥协的人不但会被认为是老好人不堪大任,还容易被人利用,导致严重的后果。

因此在工作中我们要注意坚持必要的原则,避免卷入比如危害公司利益、拉帮结伙、危害他人等事件中去。在遇到这样的事情时我们要注意保持中立,避免被人利用。

检讨术之三:你喜欢过问别人的隐私吗?

在一个文明的环境里,每个人都应该尊重别人的隐私。一旦你发现自己对别人的隐私产生了浓厚的兴趣,就要好好反省了。窥探别人的隐私向来被认为是个人素质低下、没有修养的行为。其实有许多情况的发生是在无意间发生的,比如你偶然发现了自己好朋友的怪僻,并无意间告诉了他人,对朋友造成了伤害,失去了一段友谊。

偶尔的过失也许能通过解释来弥补,但是,如果发生过多次类似的事件,你就要从心理上检讨自己了。除了学会尊重他人以外,在与同事的交往中你还要学会保持恰当的距离,不要随便侵入他人的“领地”,以免被人视为无聊之辈。

检讨术之四:你经常带着情绪工作吗?

如果你在工作中经常受到一些不愉快事件的影响,使自己情绪失控,可就犯了大忌。如果你一看到自己不喜欢的东西或事情就明显地表现出来,只会让同事对你产生反感。每个人都有自己的好恶,对于不喜欢的人或事,你要尽量学会包容或保持沉默。

你自己的好恶不一定合乎别人的观点,如果你经常评论别人,同样会招致别人的厌恶，让自己树敌过多。但如果学会包容别人，你就会赢得别人的支持与尊重。

延伸阅读：

测试：你的朋友会算计你吗？

和你亲近的人都喜欢你吗？你所谓的朋友都会为你好吗？别太轻信那些勤力为你出谋划策的人。也许，他们的"为你"之举只是外衣，其中隐藏着其他的意图！

1、一位朋友一早就打来电话，说半个小时以后到你家来，你会怎么想？

A、她怎么突然来造访呢，是不是有什么糟糕的事情发生了？

B、太尴尬了，家里乱七八糟的，所有的东西都摊在外面。

C、管她呢，既然她来我家，就看看她想做什么吧！

2、你在剩下的半个小时里刷牙洗脸，并化了淡妆：

A、为了给她一个好印象。

B、化妆是为了让自己自信。

C、化妆只是我的习惯。

3、当她按响门铃的时候，你的心情是怎样的？

A、烦躁。

B、真讨厌，我平静的生活被打扰了。

C、很好奇，我家将要上演什么戏码呢？

4、她因为一早突然打扰表示出自己的歉意，你会说什么呢？

A、对不起，我家很乱。

B、哦，你一大早就来找我，应该是有什么事情吧？

C、欢迎你来做客。

5、你发现，她的来访并不是因为有什么特殊的事情，她只是闲得无聊找你聊天。但是，还有一堆家务等着你来打理，你会：

A、说谎话：一会儿我必须去看妈妈。

B、礼貌地下逐客令：我正在做家务，所以不能陪你聊天，你要愿意，可以自己看一会儿电视。

C、说真话：我可以陪你聊天，但只能是一会儿，因为我还有好多家务要做！

6、她提出帮你做一些家务，你拒绝了，因为：

A、你不希望别人看到你家很脏的地方。

B、这样她会在你家留很久。

C、你不喜欢一边做家务一边谈话，一心二用，什么都做不好。

7、她问你的状况怎么样，你这样回应：

A、礼貌地回答：谢谢，我很好！

B、反问她：谢谢，你怎么样呢？

C、如实回答：我嘛，不好不坏，一切照旧。

8、你对她说你最近升职了，你希望她有什么反应？

A、替你高兴。

B、虽然她替你高兴，但你还是感到她淡淡的嫉妒。

C、她为有你这样优秀的朋友而真心快乐。

9、你们两个人坐在桌子旁边，这时你发现桌布上有一块污渍，你会怎么做？

A、在污渍上放一点东西：比如一个杯子，一个花瓶。

B、解释说这个污渍自己从来都没有发现过。

C、笑了笑。

10、她开了一个你并不觉得有趣的玩笑，你会怎么做？

A、出于礼貌，笑了笑。

B、保持严肃，用表情告诉她：这有什么好笑的。

C、讲一些自己感兴趣的事情。

11、她问你想不想喝一点葡萄酒，而现在是早晨，喝酒恐怕会耽误很多事情，你会怎么做？

A、给她一杯，自己也陪她喝一小杯。

B、给她倒了一小杯葡萄酒。

C、建议她喝点橙汁。

12、她跟你说你们一个共同朋友的坏话，你会怎么做？

A、耐心听她说完。

B、直接告诉她：你不喜欢听别人的坏话。

C、告诉她这个人在你眼里的优点。

13、她对你家里新添置的红木家具非常惊讶，并说："你可真有钱啊，难道你发财了吗？"你的反应是：

A、把家具价格说得低一点。

B、直接告诉她，这是爱好，和钱没什么关系。

C、讲述买家具的过程，而且告诉她买这件家具让你很高兴。

14、电话响了，是你妈妈打来的，你会怎么做？

A、对妈妈说："我现在有客人，我一会儿给您打电话。"

B、和妈妈详细谈事情。

C、问她计划几点走，然后告诉妈妈几点给她回电话。

15、她要走了，向你告别，问你什么时候再见，你的回答是：

A、我们打电话约时间吧。

B、过些时候我给你打电话。

C、随时都可以。

选A最多的人：你是别人眼里最好的"托"

你喜欢和谐的人际关系？你不喜欢和人有冲突？没错，你是个好人，可是，你真地被周围的朋友所尊重吗？当心，你周围正有朋友在"利用"你。他们利用你的方式并不是诈取你的东西，而是把你当成最好的"托"。他们特别想影响你的生活，经常充当你的智囊团，喜欢告诉你应该怎么做,怎么想——他们做这些似乎都是为了你好。实际上呢,他们做这些可不是为了你,而是在寻求自我认同。不信你回忆一下,你们每次谈话之后,是他们的感觉更好呢,还是你的感觉更好呢?多半是他们的得意超过了你。离开他们吧,在紧要关头你会发现,你从他们的身上,什么东西都得不到的!

选B最多的人:你是别人眼里的"小红帽"

你太轻信周围的朋友了,总觉得他们会站在你一边,会为了你好。所以,你坦诚地对待每一个朋友,于是他们会把你的底细打探得清清楚楚,进而来"谋害"你。他们利用你告诉他们的真心话,在背后诋毁你,并且把你的事情四处传播。你觉得他们愿意和你保持联系,是因为你的性格有趣可爱,但是,紧要关头,他们不会搭救你。

选C最多的人:你难以被算计

你尊重自己,也尊重别人。在你尊重的人里,肯定有一些人是你没有太多好感的,而且你永远不会把他当作朋友。你做人很自如,你的表现不仅恰如其分,而且和自己的真实感受相符。因此,你身边的朋友反而尊重你——你该表现的都表现了,他们实在没有东西可在背后嚼你的舌头。请一如既往,恰当地做你自己吧!

延伸阅读:

大观园里谁是最好的中层

在MBA铺天盖地的今天,《红楼梦》居然与《韦尔奇自传》一样引起管理界的重视。

事实上,曹雪芹在《红楼梦》中提供了两种不同的管理模式,塑造了两种不同的管理权威:一是贪婪集权型,主要以王熙凤为代表;二是创新分权型,主要以贾探春、薛宝钗为代表。

王熙凤是维持会会长还是掘墓人？

我们先来看看王熙凤"管理权威"的属性。应该说,在协理宁国府时,王熙凤出色地表现了她的管理才能。

首先,王熙凤对宁国府做了一次家族诊断。她极其尖锐地指出,宁国府存有"五大弊病":"头一件是人口混杂,遗失东西;二件,事列专管,临期推诿;三件,需用过费,滥支冒领;四件,任无大小,苦乐不均;五件,家人豪纵,有脸者不能服管束,无脸者不能上进。"

针对这五大弊病,王熙凤决定采用猛药。一到宁国府,她就发表了措辞极其强硬的就职演说:"既托了我,我就说不得要讨你们嫌了。我可比不得你们奶奶好性儿,由着你们去。再不要说你们'这府里原是这么样'的话,如今可要依着我行。错我半点儿,管不得谁是有脸的、谁是没脸的,一例现清白处治。"

根据这一思路,王熙凤开始制定规则,按岗定编,强化监管。这一措施收到了效果,宁国府的面貌立刻改变了。由此可见,王熙凤的权威性确实是很强的。

然而,同样是王熙凤,在给贾母理丧时却出乎意料地陷入"权威性不足"的泥潭困境。她既调不动人,也调不动钱,只得哀求众人:"大娘婶子们可怜我罢!我上头捱了好些说,为的是你们不齐截,叫人笑话。明儿你们豁出些辛苦来罢!"尽管如此,她仍然玩不转,被气得"眼泪直流,只觉得眼前一黑,嗓子里一甜,便喷出鲜红的血来,身子站不住,就蹲倒在地"。

为什么王熙凤在协理宁国府时威重令行,而给贾母理丧时却权威不足、指挥失灵呢？这是因为,王熙凤的权威主要是依靠贾母和娘家做靠山。一旦靠山倒了,王熙凤的权威便会土崩瓦解。

其次,王熙凤肆无忌惮地以权谋私、行贿受贿、盘剥众人,在贾府上下积怨极深,毫无人缘。对于这一点,她本人也意识到了:"若按私心藏奸上论,我也太行毒了。也该抽回退步,回头看看。"

显而易见,王熙凤实际上并没有真正的权威,有的仅仅是一时的权势而已。靠山一倒，她便寸步难行，一败涂地，任凭她再有管理才能也无力回天。

还应该指出的是，正是王熙凤的这种贪婪和疯狂给贾府带来了毁灭性的灾难。

因此，王熙凤并不是贾府的维持会会长，而是贾府真正的掘墓人。在《红楼梦》里，王熙凤的下场实际上是最惨的。这是完全符合历史逻辑的，值得王熙凤的崇拜者们不断地深思和反省。

贾探春是利益为重的积极改革者

在《红楼梦》第五十六回中，曹雪芹以一个章回的篇幅，完整地描绘了发生在大观园里的经济改革故事，并塑造了与王熙凤完全不同的管理权威贾探春、薛宝钗。

为了克服贾府的经济危机，贾探春凭借自己对当时正处于萌芽状态的市场经济的敏感，富有创意地推出了一个全新的改革举措：采用公开竞标的方式，把大观园分包给园中的老妈妈们。这样一来，一个消费性的大观园就被改造成了一个生产性的种植园，捉襟见肘的贾府经济因此找到了一个新的生长点。

对于贾探春的经济改革，薛宝钗予以充分的支持。然而，在指导思想上，两人却存在着严重的分歧。贾探春对她的改革相当自负，但她的直线式思维模式却一时难以完全扭转。贾探春只看到承包的种种好处：一则园子有专定之人修理花木，自然一年好似一年，也不用临时忙乱；二则也不至作践，白辜负了东西；三则老妈妈们可借此小补，不枉成年家在园中辛苦；四则可省了这些花儿匠、山子匠并打扫人等的工费，将此有余，以补不足，未为不可。

与贾探春不同，薛宝钗却考虑到承包可能产生的负面影响。她清醒地意识到，能够直接承包并得到好处的只是少数人，大多数人心里仍是不服的。如果不考虑大多数人的利益，那么承包就可能因得不到大多数人的支持而遭遇种种意想不到的挫折。因此，薛宝钗建议，承包者年终

时拿出若干吊钱来分给在园中辛苦的老妈妈们，让她们也能分享改革
的成果。

她对承包者说："还有一句至小的话，越发说破了：你们只管了自己
宽裕，不分与他们些，他们虽不敢明怨，心里却都不服，只用假公济私的
多摘你们几个果子，多掐几枝花儿，你们有冤还没处诉。他们也沾带了
些利息，你们有照顾不到的，他们就替你们照顾了。"

薛宝钗这一"小惠"主张，不仅兼顾了大多数人的利益，也为承包者
的经营提供了新的保证，的确是一个符合"惠而不费"原则的双赢高招。

贾探春的直线式思维还影响到她对管理流程改革的思考。她考虑
到，"若年终算帐，归钱时，自然归到帐房。仍是上头又添一层管主，还在
他们手心里，又剥一层皮"。贾探春认为，"如今这园子是我的新创，竟别
入他们手，每年归帐，竟归到里头来才好"。

对此，薛宝钗再次表示反对："依我说，里头也不用归帐。这个多了那
个少了，倒多了事。不如问他们谁领这一分的，他就揽一宗事去。都是他
们包了去，不用帐房去领钱。"

薛宝钗的反对意见显然是正确的。因为从本质上说，归账到账房和
归账到园子里头，只是五十步和一百步的关系。从纯粹的管理角度来
说，同样存在着重复算帐的麻烦，而承包者存在着会被园子里的新账房
剥皮的可能。因此，薛宝钗所提出的这些物质层面的改革主张，理所当
然地受到了承包者和众人的普遍欢迎。

薛宝钗是利义全一的高级管理人才

由于贾探春的思维是直线式的，因而她的改革思路只是停留在物质
层面上。薛宝钗则不同，她在完成物质层面的思考之后，进一步展开了
精神层面的思考。为了给改革营造一个良好的环境，薛宝钗提出了配套
的改革措施，强化治安管理。她对老妈妈们说："你们只要日夜辛苦些，
别躲懒纵放人吃酒赌钱就是了。"事实上，薛宝钗上任后做的第一件事
情就是加强治安管理，每天晚上带人各处巡查，这从侧面反映出她对改

革环境的重视。

薛宝钗和王熙凤一样,深知管人是要讨人嫌的,但她的处理风格却和王熙凤完全不同,她在就职演说中说道:"我也不该管这事。你们一般听见,姨娘亲口嘱托我三五回,说大奶奶如今又不得闲儿,别的姑娘又小,托我照看照看。我若不依,分明是叫姨娘操心。你们奶奶又多病多痛,家务也忙。我原是个闲人,便是个街坊邻居,也要帮着些,何况是亲姨娘托我?……讲不起众人嫌我。倘或我只顾了小分沽名钓誉,那时酒醉赌生出事来,我怎么见姨娘?"

薛宝钗把自己参与管理说成是身不由己、万般无奈的事情,不仅在相当程度上淡化了管理者与被管理者之间的矛盾,而且在一定程度上赢得了被管理者的同情。即使是强化治安管理,薛宝钗也不是金刚怒目式的,而是循循善诱,尽可能启发人们的羞耻之心。事实证明,薛宝钗的这套柔性管理确实具有很强的感化作用,人们对此都口服心服。

由于有了薛宝钗的新设计,贾探春的这次承包改革获得了很大的成功。正如李纨所说:"使之以权,动之以利,再无不尽职的了。"生产者的积极性被充分地调动了起来。"因今日将园中分与众婆子料理,各司各业,皆在忙时,也有修竹的,也有护树的,也有栽花的,也有种豆的,池中间又有姑娘们行着船夹泥的、种藕的。"同时,生产者的责任性也大大加强了。春燕道:"这一带地方上的东西,都是我姑妈管着。她一得了这地,每日起早睡晚。自己辛苦了还不算,每日逼着我们来照看,生怕有人糟蹋。老姑嫂两个照看得谨谨慎慎,一根草也不许人乱动。"

还应该强调的是,与王熙凤相比,甚至与贾探春相比,薛宝钗实际上没有什么管理实权,但是我们可以说,《红楼梦》中真正的管理权威是薛宝钗。

不论一个人的职位有多高,如果他只是一味地看重权力,那么,他就只能列入从属的地位;反之,不论一个人职位多么低下,如果他能从整体思考并负起责任,他就可以进入高级管理层。

第四章

企业与员工的博弈

——小红的跳槽和鸳鸯的"卧槽"

《红楼梦》里的丫环都是家养的，或者是在外买来的，都是从一开始就分配好了主子，自己做不了半分主。碰到好主子，或许还有光明前途，碰到不好的，活活被打死也是有的。

在那个大家庭里，想跳槽是很难，但也有成功的，比如宝玉手下的丫环小红，她就用她的亲身经历告诉我们"跳槽是门技术活"，与之相反的，还有死守岗位坚决不肯跳槽做姨娘的鸳鸯，她证明了"跳槽不如卧槽"的道理。

今天的职场人可以综合对比这两个丫头的选择，告诉自己，在跳槽前，请先明确自己的定位。

正确的跳槽，是人生的一次华丽转身

一份民意调查报告显示，近60%的人有跳槽的想法，跳槽原因多种多样。跳槽一定能解决你目前面临的问题，达到你的预期目标吗？

正确的跳槽应该是人生的一次华丽转身，而不是让职场积累的能量减少、归零，甚至成为负数，更不是让自己在跳槽中越跳越迷茫，越跳越杂乱无章，甚至是毁了自己。

1. 小红不得不跳槽的理由

小红，本名林红玉，是贾府管家林之孝的女儿，因与宝、黛二人重字，改叫小红。小红算是贾府的家养奴才，说起来，她父母在奴才里面也还算有脸面的，"生的倒甚齐整，两只眼儿水水灵灵的"，是个相貌中等偏上的普通丫头。她为人聪明伶俐，但在怡红院里只是一个做粗活的四等丫头，没有近身服侍宝玉的机会，甚至宝玉根本不知道自己屋里还有小红这么一个丫头。好不容易，小红逮着一次机会，那次房里刚巧没人，贾府未来的继承人贾宝玉要喝茶，嚷嚷了好几声，于是小红就进去了，给上司倒了碗茶，并给上司留下了"容长脸面，细巧身材，却十分俏丽干净"的初步好印象。小红留心把握机会起了作用，宝玉第二天醒来，惦记着要找她来。

只是，怡红院里哪个丫环不想亲近宝玉，不想升职，不想有朝一日成了当家主子的姨娘？四等丫头小红安心超车的僭越行为，激怒了二等丫头秋纹、碧痕,秋纹兜脸啐了一口,骂道:"没脸的下流东西! 正经叫你催水去,你说有事,倒叫我们去,你可等着做这个巧宗儿。一里一里的,这不上来了。难道我们倒跟不上你了? 你也拿镜子照照,配递茶递水不配! "

挨了这顿好骂的小红,严重意识到竞争的惨烈前景,羊肉还没吃着,已经惹得一身膻,"心内早灰了一半"。先不说袭人、晴雯这两个头等丫头,即便是二等丫头秋纹、碧痕她也无法超越。而且自己此次的行为已经被她们发现,估计下次想找机会在宝玉面前表现会更难。小红知道,自己在怡红院已经遭遇职场"天花板",不可能再升职,甚至以后还会经常被同事耻笑排挤。于是她在王熙凤想找个丫环传话的时候,紧紧地抓住了一次跳槽的良好机会。

小红有了跳槽的心思,是她发现自己已经遭遇职场"天花板",在怡红院里没有升职的可能。

决定跳槽,一定有非跳不可的理由。引起跳槽的原因很多,跳槽行为的具体动机也是相对复杂的, 但我们要避免以下两种情形是最不理智的跳槽:

原因1:单纯为了收入而选择跳槽

如果仅仅因为工资或者待遇低, 而不综合考虑其他因素就决定跳槽, 是不成熟的一种表现。一个工作代表的不仅仅是收入的单方面增加,还包括知识、技能、经验、人际关系等多方面的积累。

原因2:因为冲动而跳槽

很多失败的跳槽都是冲动惹的祸,是由"气不过"引发的。"气不过"的事有很多,如未获得期望的升职与加薪;被上级错误的批评,甚至降职或变相降职;与同事发生争执,被误解、孤立;在客户那里受了委屈,在公司内部不被理解,等等。基于以上原因的跳槽,目的并不是要进入新单位,而是要尽快摆脱目前的工作环境。

当一个人被情绪所左右,尤其是在气头上,最可能做出不理智的决定,产生"不管新工作如何,先离开这里再说"的想法。在这种情况下离职,你可能过于急切、目光短浅,很难找到合适的工作。即使找到工作,也有很大可能违背了自己长期的职业规划。

被情绪左右的跳槽,还有一种情况,就是并没有与老东家发生特别直接的矛盾,但在工作一段时间后,觉得工作不断重复,或者工作太琐碎了,没有意义,害怕自己的能力得不到锻炼,失去未来职场的竞争力。

无论怎样,你跳槽前都要先衡量一下利弊,自己是非跳不可吗?另一家公司提供的环境优于现在吗? 自己去了另一家公司发展空间会比现在大吗? 那家公司和自己的目标规划相符吗?

跳槽前先了解新东家

口齿伶俐的小红受到王熙凤的青睐,王熙凤有了挖她的心思,于是问她可愿意过来跟着自己干。小红在怡红院已经没有发展的机会,但在王熙凤那里自己还有大把机会。跳槽之前,她对王熙凤那边的行情已经有所了解,知道她到了那里可以接触更多的人,见识更多的事。

企业有各自的特点和文化氛围,在环境上很难分出优劣,即使是一个不错的公司,不可能适合每一个人。为改变环境而连续跳槽的人,会对环境非常敏感,放大对环境的不适应,如此跳槽的频率会不可避免地增高。

(1)只看到A面

跳槽者的心态以及跳槽的时机往往会影响你对公司情况的了解。比较急迫的跳槽心态会让你犯两个错误,一是只看到目标公司热门、收入高、社会声誉好的一面,而有意无意地忽略对它内部的经营情况、管理情况、人际关系等的了解;二是缺乏对目标公司客观而清晰的判断。

王梅是一家国有企业的员工,两年前大学毕业后她一直在国企享受着稳定的工资和优厚的福利。但是,每天穿着难看的工作服,干着重复的工作,让她觉得很没意思,她想像电视上那些女白领一样,每天可以穿得漂漂亮亮,干着有挑战的工作。

于是,王梅跳槽到一家大型私企,从文员干起,三个月的新鲜劲一过,她发现,所谓的白领生活根本不是自己想象的那样。在私企工作压力太大,经常加班,而且时常面临长江后浪推前浪的残酷竞争。王梅怀念起自己之前工作的轻松,心里后悔不已。

了解目标公司最好的方式是寻找"内线",这个内线要对你的情况比较了解,又要在新公司之中与你没有直接的工作关联,这样,他(她)给你提供的信息才会比较客观。另一个比较好的方式则是寻找同业中对目标公司有深入了解的朋友。需要指出的是,对于跳槽者而言,任何人提供的信息,都需要经过自己的判断过滤。

(2)对新公司是否适合自己判断不足

另外一种情况,是跳槽者虽然对新公司很了解,却不能准确判断自己是否适合这家公司。

陈涛毕业后被分配到一所高校图书馆工作。虽然工作对口,但他总觉得收入太低,每次跟同学比较,心理难免失衡。

2010年,一个很不起眼的中学同学找到了他。这个同学在药企做医药代表,干得非常好,几年下来,就在老家买房买车了。陈涛非常羡慕他。他调任为北京分公司的负责人之后,请陈涛跟自己一起干,许诺一年买车,两年买房。在高收入的激励下,陈涛毅然离开了原来的事业单位,成为一名医药代表。

当上医药代表后,陈涛的生活整个变了。新工作应酬多,烟酒超量,身体吃不消不说,晚上回家的时间也没有保证。他老婆的工作也忙,两个人都没有时间管孩子,孩子的学习成绩直线下降,有时候连饭都吃不上。为此,老婆经常抱怨。

对于新的工作方式,陈涛也不是很适应。新工作存在灰色地带,为了销售产品,不得不采用一些特殊的手段,比如给相关负责人送红包、送礼等,这让陈涛心里不安,晚上经常睡不着觉。收入虽然高了,但他觉得自己反而没有以前受尊重了,经常被人称为"药虫子"。不仅如此,他还要对每一个客户点头哈腰,阿谀奉承,有一种低人一等的感觉。

坚持了一年,陈涛感觉自己身心俱疲,这样的人生并不是他想要的。在考虑了自己的家庭、身体、良心、尊严等问题后,他决定回到以前清贫一点,但让人踏实的工作环境中。

2. 想要跳槽改变环境,不如先改变自己

有的年轻人初入职场,只为追求新鲜或刺激,或由着自己的性子。这种人或对工作和环境有喜新厌旧的毛病,喜欢新鲜的人际环境和工作环境,他们在一个单位往往待不到两三年,有的甚至几个月就走人。这种人看似主动跳槽,其实大多没有进行职业规划,找不到职业定位。这种跳槽为老板深恶痛绝,对个人发展也没有任何好处。

李晨大学毕业后在一家私企做程序员,工作乏味,薪水不高。过了半年,他就跳槽去一家电信公司。为拓展业务,李晨刚过了培训期就被派出去出差,去的地方都是偏远地市,钱虽然比以前多了,但工作辛苦,而且一出差就是三个月甚至半年。李晨又起了跳槽的念头。就这样,四年之内李晨跳了六次,最长的工作干了一年,最短的三个月就辞职了。

四年时间,有的同学已经在公司做到中层,有的同学已经在某个专业有了突破。只有李晨,跳来跳去,专业没有积累,人脉没有积累,经验也没有多少积累,他没有越跳越高,反而越跳越不知道自己要什么。

有一只乌鸦打算飞往东方,途中遇到一只鸽子,双方停在一棵树上休息。鸽子看见乌鸦飞得很辛苦,关心地问:"你要飞到哪里去?"乌鸦愤愤不平地说:"其实我不想离开,可是这个地方的居民都嫌我的叫声不好听,所以我想飞到别的地方去。"鸽子好心地告诉乌鸦别白费力气了:"如果你不改变你的声音,飞到哪里都不会受到欢迎的。"

　　一位老人坐在一个小镇郊外的马路旁边。有一位陌生人开车来到这个小镇,他看到老人之后停车向老人询问:"这位老先生,请问这是什么城镇? 住在这里的是哪种类型的居民? 我正打算搬来住呢。"这位老人抬头看了一下陌生人,回答说:"你刚离开的那个小镇上的人,是哪一种类型的人呢? "

　　陌生人说:"我刚离开的那个小镇上住的都是一些不三不四的人,我住在那里没有什么快乐可言,所以我打算搬来这里居住。"

　　老人回答说:"先生,恐怕你要失望了,因为我们镇上的人跟他们完全一样。"

　　不久,又有一位陌生人向这位老人询问同样的问题:"这是哪一种类型的城镇呢? 住在这里的是哪一种人? 我们正在寻找一个城镇定居下来。"

　　老人又问他同样的问题:"你刚离开的那个小镇上的人是哪一种类型的人? "

　　这位陌生人回答:"住在那里的都是非常好的人。我的太太和孩子在那里度过了一段美好的时光, 但我正在寻找一个比我以前居住的地方更有发展机会的小镇。我很不想离开那个小镇,但是我们不得不寻找更好的发展前途。"

　　老人说:"你很幸运,年轻人。居住在这里的人都是跟你们那里完全相同的人,你一定会喜欢他们,他们也会喜欢你的。"

　　每个人都想找到一个适合自己施展才华,使自己有所发展的工作单位和环境,这是合理的。可是世界上并没有一个完全适合自己的地方存在。与其为了改变环境频繁跳槽,不如改变自己。

改变自己比改变环境容易多了

　　很久以前,人类都是赤脚行走的。一位国王去偏远的乡间旅游,路上有很多碎石头,把他的脚硌得生疼,他大怒,回到皇宫后,下令将国内的所有的道路都铺上一层牛皮。他觉得这样做,不仅自己不再受苦,全国老百姓也都可以免受石头硌脚之苦了。

愿望是好的,问题是哪里来那么多牛皮?就算把全国所有的牛都杀了,也筹措不到足够的皮革,这还不算用牛皮铺路所花费的金钱、动用的人力。但既然是国王的命令,谁敢说个"不"字?

就在大家为此发愁的时候,一个聪明的大臣大胆向皇帝谏言说:"国王啊!为什么您要劳师动众,牺牲那么多头牛,花费那么多金钱呢?您何不只用两小片牛皮包住您的脚,这样不就免受石头硌脚之苦了吗?"

国王一听,当下醒悟,于是立刻收回命令,采用这位大臣的建议。据说,这就是"皮鞋"的由来。

可见,想改变世界,很难,而改变自己则容易得多。与其改变全世界,不如先改变自己。当你改变了自己,你眼中的世界自然也就跟着改变了。所以,如果你希望看到世界改变,那么第一个必须改变的是自己。

在英国威斯敏斯特教堂的地下室,圣公会主教的墓碑上写着这样的一段话:

我年轻的时候,我的想象力没有受到任何限制,我梦想改变整个世界。

在我渐渐成熟明智的时候,我发现这个世界是不可能改变的,于是我将眼光放得短浅一些:那就只改变我的国家吧!但是这似乎也很难。

当我到了迟暮之年,抱着最后一丝希望,我决定只改变我的家庭、我亲近的人——但是,唉!他们根本不接受改变。

在我临终之际,我才突然意识到:如果起初我只改变自己,接着我就可以改变我的家人。然后,在他们的激发和鼓励下,我也许就能改变我的国家。接下来,谁知道呢,或许我连整个世界都可以改变。

就以我们与老板的关系为例来说,既然我们选择了这个老板,并希望在这里有所作为,就应该去适应老板,而不能指望老板来适应我们。但是,为什么还有那么多人不停地抱怨老板,然后不停地跳槽?

这就涉及如何适应的问题,有的人为了讨好老板,无论老板说什么都点头称是,没有一点自己的主见,这种忠诚只能称为愚忠而不是智慧,老板自然不会重用一个只会盲目服从的员工。真正的适应不是"绝对服从",而是"合理顺从"。

合理顺从的意思是"提供相关信息,协助老板达成正确决策,以利自己的配合执行"。老板是对的,我们应该听从并且尽力去配合;老板有偏差或缺失,我们务必要委婉说明加以劝阻,让老板感觉到自己是在以"参与"的心态来协助他达成决策。千万不要明明知道错了,但因为对方地位比自己高,权力比自己大,就盲目服从,或者以此企求获得老板的宠悦。

适应老板,不是盲从,不是为讨老板欢心,而是尽力配合执行,作出更完美的决策,这才是真正地对老板负责,对自己负责。

1989年,于丹被分配到文化部下属的中国艺术研究院,这与其攻读硕士学位时的研究方向相符。但刚到单位报到的她接到了下放锻炼的通知——到研究院下属的印刷厂当工人,地点在北京南郊的柳村。从都市的研究院到农村的印刷厂,整天干着用汽油擦拭地板上油墨等的初级体力活,于丹的心理落差是巨大的,最为关键的是,没有人知道会锻炼到什么时候。整整一年半的时间,于丹不但坚持了下来,还将这次锻炼当作难得的人生经历,提升到"那是我真正读的一个博士学位"的高度。谈起这份工作,于丹颇有感触,她认为自己在那里学到了三个阶段的东西。

第一个阶段是接受现实,建立价值。第二个阶段是不仅要有价值,还要有生活的欢心。第三个阶段是建立心灵价值系统。

于丹的概括很有代表性,大多数急切的跳槽者没有处理好三个阶段的问题,他们不能勇敢地接受现实,而选择逃避;不去发现工作和生活的乐趣,而是郁郁寡欢。前两个阶段都没有完成,就更谈不上心灵价值系统的建立了。对于芸芸众生来说,要在一年半的时间内完成三个阶段的认识实属不易，因此不能急于跳槽，而应认真完成这三个阶段的任务。也只有真正抵达第三个阶段，充分认识到个人的价值和人生的取向，跳槽才有意义。

请问问自己那么多的员工在单位干得好好的，为什么偏偏是我要跳槽？认真分析后，你会发现，并不是公司出了问题，也不是受到上司打压或同事排挤，而是因为你没有完成自我调整。

首先是心理上，刚参加工作的人一时不能走出刚离开学校和家庭的"心理断乳期"，不能适应朝九晚五、自己照顾自己的另一种生活状态。

其次是工作上，由于专业能力和经验不足，大多数职场新人无法保质保量地完成任务，在受到批评后会产生挫败感。

再次是人际关系，老同事们都能打成一片，工作生活其乐融融，而自己与他们格格不入，形单影只。

有这些问题的人，不妨看看相关专业书籍，或向父母、老师或学长请教，迅速调整心态，转变角色，融入全新的工作环境；同时树立一个信念——我能行，我一定在这个公司干出成绩来。那么，你还会想跳槽吗？

积蓄力量，在机会到来之时，进行全力冲刺

当我们没有能力去改变环境的时候，尤其是环境不利于我们的时候，改变自己，这是一种智慧，一种策略。

伊索寓言中有一个故事：一阵狂风，把一棵大树连根拔起。大树看到旁边池塘里的芦苇问："为什么这么粗壮的我都被风刮断了，而这么纤细的你却什么事也没有呢？"芦苇回答说："我知道自己软弱无力，就低下头给风让路，避免了狂风的冲击；而你却拼命抵抗，结果被狂风刮断了。"

我们应该像芦苇，尽管软弱，但有智慧。面对狂风卷来，不是试图与之对抗，而是伏下身子，低头弯腰，化险为夷。与此同时，默默积蓄力量，在机会到来之时，进行全力冲刺。

曹虹大学毕业时国家还管分配，她被分配到了一个偏远的小山区当教师。这份工作不仅条件差,工资更是少得可怜。曹虹在校成绩不错,擅长写作,还曾担任过学校文学社的社长,现在被分到这样一个破地方,她愤愤不平,不仅对工作没有热情,连一向爱好的写作也没了兴趣。她整天琢磨着跳槽,幻想能有机会调一个好的工作环境,拿到一份优厚的报酬。两年过去了,她不仅工作没有任何起色,写作也荒废了,整个人变得更加郁郁寡欢。

这天,学校开运动会,附近的村民都来观看,小小的操场被围得水泄不通。曹虹来晚了,站在后面,踮起脚也看不到里面热闹的情景。这时,身旁一个很矮的小男孩儿吸引了她的视线,只见他一趟趟地从远处搬来砖头,在那厚厚的人墙后面,耐心地垒着一个台子。一层又一层,足足垒了半米多高,他才登上台子。而后他冲曹虹粲然一笑,脸上全是掩饰不住的成功的喜悦和自豪。

刹那间,曹虹的心震颤了,操场上的环境已经不能改变,自己只是站在外面唉声叹气,抱怨自己来晚了。而小男孩儿,却懂得垒一个台子,改变自己的高度,去欣赏比赛。自己一直抱怨被分的地方是多么差劲,但却不曾想到改变自己,她为自己以前的做法感到惭愧。

从此以后,曹虹满怀激情地投入到工作中去,踏踏实实,一步一个脚印。很快,她便成了远近闻名的教学能手,编辑的各类教材接连出版,各种令人羡慕的荣誉纷至沓来。两年后,她被调至自己颇喜欢的一所中专任职。

自然发展规律告诉我们:物竞天择,适者生存。只有不断调整自身去适应环境的人,才能获得巨大发展。

3. 目标明确,能量充足,方能越跳越高

在王熙凤给小红派差还有一些疑虑时,小红说:"奶奶有什么话,只

管吩咐我说去。若说的不齐全，误了奶奶的事，凭奶奶责罚就是了。"可见，小红亦十分自负，不怕你有事，只怕你不用。

她不仅积极承应下来，还立下军令状，以表达自己做事的忠诚可靠，使人觉得她在怡红院是被埋没了。这番有条有理、爽快利落的回答，自然让行事爽利强劲的凤姐感到满意和愉悦。

小红的办事能力确实很强，凭着爽利口齿，漂亮地完成了凤姐交代的事。尤其是那一大堆比绕口令还绕的四五门子的话，她说得那样周全、利索，连李纨都听不懂，以至于一向挑剔的王熙凤夸赞说："好孩子，难为你说的齐全。"当王熙凤问她愿不愿跟自己时，她回答得也十分老道："愿意不愿意，我们也不敢说。只是跟着奶奶，我们学些眉眼高低，出入上下，大小的事儿也得见识见识。"这话既不显得猴急，又准确表达了自己的态度，还顺带恭维了王熙凤。

小红深知，自己在怡红院已经没有上升空间，但如果跟了王熙凤，不但出入上下，能见识大小事，甚至，有机会升职，成为王熙凤的"二秘"。作为一个有追求的丫环，她的职业规划很清晰，就是要一步步走上去。

《红楼梦》第二十四回，贾芸来见宝玉，当小红得知他是"本家的爷们"，又长得"清秀"，就"下死眼把贾芸钉了两眼"。在小红看来，既然自己已经不可能有跟宝玉的机会，就要转换目标。贾芸虽不能与宝玉相比，但毕竟是荣国府嫡派子孙，总比将来配个小厮强得多。

而且，贾芸也是很有职场心机的一个人，他不仅借钱买香料送王熙凤，请她为自己安排工作，还很会拍宝玉的马屁，甚至愿意当比自己小四五岁的宝玉的干儿子。后来他终于在荣国府混了点差事，赚了些油水。这样看来，贾芸也是有上进心的，而且颇有些职场能力，也算是个潜力股。

小红不能忘情于贾芸，"正没个抓寻"之时，机会来了，"宝玉病的时节，贾芸带着家下小厮坐更看守，昼夜在这里。那小红同众丫环也在这里守着宝玉。彼此相见日多，渐渐的混熟了"。接着，小红发现自己遗失的手帕恰又被贾芸捡得，于是以手帕为媒，展开了一段古典式的恋爱。在"蜂腰桥设言传心事"一节，当李嬷嬷说出贾芸将要来园的消息后，小红精心设计问话以打探信息，并委婉地自荐作引路人。此计不成，当探知坠儿做贾芸的引路人时，她又设计在半路碰到坠儿，借与坠儿讲话，把要贾芸归还手帕之意透露出来了。

靠手帕传情，小红凭借自己的心机终于实现了职场三级跳，从一个丫环变成了一个小主。

每走一步，小红的目标都制订得很清楚，每跳一次，她都会离自己的目标更近些。

跳槽前要做的准备

刘玲大学毕业之后进了一家国有企业做办公室文秘，五年来她一直享受着稳定的工资和优厚的福利。但是这份工作太闲了，没什么挑战性，每天都是例行公事，刘玲很不安，她担心长此以往自己工作能力得不到提升，会在职场会失去竞争力。如果自己将来有一天要下岗，不用说去外企，就是好一点的私企她都做不来。于是她想到了跳槽，但是她从报纸、电视上得知现在的大学毕业生一年比一年多，这让刘玲有点后怕，要是自己辞职之后找不到好工作怎么办？

前不久，刘玲在给经理准备会议资料的时候漏掉了一份很重要的文件，这让经理在公司会议上显得很狼狈。事后，经理借机把她调离了办公室，下放到基层。在一怒之下，刘玲递交了辞职申请书。

不久，刘玲就加入到了失业大军中，为了自己的下一份工作苦苦寻觅着……

刘玲的这种跳槽完全是意气用事，她想跳槽没有错，但是她在跳槽前根本就没有任何的思想准备，她的这种跳槽是一种盲目的行为，结果她不仅没有跳好"槽"，甚至连"槽"都没有了。

关于跳槽，职场专家认为，不管你想跳去哪里，但有一点必须明确，你在跳槽前要有思想准备，不然的话，只能浪费你的人生时间成本。

请你问自己以下几个问题：

(1)现在的公司真的没有你的发展空间了吗？

其实跳槽解决的直接问题是薪酬，但是薪酬在个人发展的问题前显得"小巫见大巫"，人之所以会跳槽，最根本的原因还是自身发展的问题。如果一家单位能给你发展的空间，那么薪酬就不是问题。

你现在的单位如果在接下来的时间里能给你发展的机会，那么你大可不必跳槽，因为你跳槽之后在新的单位又得从零开始，而如果这家单位不能再提供你发展的机会，那么你跳槽就是必须的。

(2)你跳槽前在现有的单位所建立的人际关系有多少价值？

人要发展，必须要有人际关系作为后盾，如果没有人际关系，你就只能是"独行侠"。单打独斗是很难成功的，并且新的雇主不会雇佣一个没有人际关系的员工。如果你在现有的单位拥有了良好的人际关系，而这些人际关系又是你花了很多的时间成本、精神成本所建立起来的，那么选择跳槽，这些成本就可能无法得到回收，这可比钱更重要。

若你本来就不善于建立与管理人际关系，那么选择跳槽就要更加小心，到新单位，新单位的文化理念你是否了解？若不了解，你应该深层次了解一下，进行比较。若新单位人际文化比较适合你建立与管理人际关系，那么你可以选择跳槽，若更不行，那么你还是不要急着跳槽。

(3)跳槽前你要明白别的单位聘你，是你自己去应聘的，还是新单位请你去的？

如果是新单位请你去的，那么就证明他们非常需要你，进而对你的期望值也很高。这种情况，职场专家建议，你要明白自己的能力是否可以在短时间内满足新单位的期望？要达到新单位的期望要求，你在知识结构与能力结构方面要做哪些准备？如果你的能力达不到新单位的期望值，就算你跳过去了，以后的日子也不会比你在原单位的好。

如果你是自己应聘得到的岗位，那么新单位对你的期望值不一定很高，他们会把你当作新人来培养。这时候，你应该到该单位看看，或到它的客户处了解一些情况，如以顾客身份到终端看看他们的终端管理。这些准备，是为了让你到新单位后能够立马上手工作，缩短新单位对你的全面认知时间，从而得到价值肯定。

(4)新单位的组织环境可以支持你的期望值实现吗？

既然你跳槽是为了实现自己的期望值，那么你在跳之前，就要调查清楚，你想跳过去的新单位能实现你对自己的期望值吗？这种期望值不仅指发展空间和薪水，还包括是否有个好的上司，因为好上司会着力培养你。在跳槽之前，你要了解清楚，你的上司专业与你是否一样？如果你的跳槽是想独立操作或管理，那么与你专业相同的上司会成为你前进中的障碍，因为上司的专业特长需要发挥空间，而这会占领你想发挥的空间。你应该跳槽到你的专业知识能够得到补充或突显的新组织里，可能这个新组织的其他条件不一定好，但是因为他们现在需要你，你的期望值得到实现的概率会相对较大。

跳槽不急于一时

跳槽是为了"人往高处走"，但思虑不周，准备不充分的跳槽，往往不能达到预期效果，以致出现频繁跳槽甚至越跳越差的局面。职场新人尤其应该注意这一点，在做出跳槽决定之前，一定要反复思考，做好充分准备。

如果不是王熙凤需要一个人传话，小红贸然去攀高枝，自然不合时宜。有的机会是需要等的，太过心急反而欲速则不达。

如果要对跳槽分类，不外乎被动和主动，前者是无可奈何而为之，后者是自觉的选择。

一位职业规划师通过多年研究，寻找人们跳槽背后的原因。他发现只有很少部分跳槽者属于被动类，如得罪了上司或与领导、同事关系恶劣，无法继续相处等，绝大多数跳槽者都属主动跳槽。

有的跳槽者将公司当做自主创业的实习基地或个人发展的跳板。这种人的目的非常明确，那就是积累资金和经验，他们工作尽职尽责、踏实勤奋，一旦条件成熟，便会毅然离开。

有的跳槽者喜欢挑战和创新。他们一步步从小企业跳到大公司，跳到合资企业、外企、世界五百强企业，总之公司越大越好，越有名气越好；有的跳槽者不在乎公司大小，却热衷于职位的提升或新岗位的挑战；有的跳槽者单纯以薪酬为目标，谁给的钱多就跳到那里去。但大多数人还是因为在公司发展受阻，必须寻找新的发展空间。对跳槽原因有了大致的了解，我们便可有针对性地分析，多对自己问几个为什么，可以减少跳槽的盲目性。

跳槽前你先要问问自己为什么跳槽。如果仅仅为了满足新鲜感和好奇心，应该立马打住，想想人生有多少个二十多岁，有多少时间可以让你从头再来。如果你属于挑战型，不断向新目标发起冲击，就应冷静地思考一下，新公司承诺给高职位、高薪水，工作要求和难度也会增加，你是否已经具备冲击下一个高点的能力。如果立志创业，你则更应想一想，创业的条件是否充分，公司给你的"实习"期是不是已经圆满完结。

你还要比较一下跳槽的得失。跳槽最直接的损失是失去本来属于你的工作，花了一定时间获得的行业经验、人脉资源等等；得到的是什么呢？对全新的、比这更好的工作有十二分的把握吗？在新的工作岗位上就能如鱼得水，实现自身价值？新的工作与人生理想越来越近还是越来越远？

如果你对这些问题都能给出肯定和满意的回答，跳槽的时机基本成熟。

你还有几点需要注意：

1.在目前单位应至少工作一年以上，不然新老板就会探究你以前的表现，让你的职业发展打折扣。

2.要在目前工作进展顺利而不是走下坡路时离开。仔细研读与老公司签订的合同，为离职扫清障碍。

3.花时间熟悉新公司的情况，为重新上岗铺平道路。

4.无论跳槽前还是后,切忌说老公司的"不好",也不要一味奉承新公司的优点。

鸳鸯为何誓死不跳槽

《红楼梦》里,伺候贾母的鸳鸯有一个鲤鱼跳龙门的机会——嫁给贾赦当姨娘,由一个奴才变成一个体面的主子,可她却以死相拼,推掉了这段"美姻缘"。

从一个"普通员工"一下子变为"领导层",这可是许多人削尖了脑袋争夺的一件美事,鸳鸯是贾府灵魂人物——贾母身边的得力干将,才貌双绝,为何这般没有心机呢?

而在跳槽与"卧槽"之间,现代的职场人又该如何衡量选择?

1. 与其去别处寻找更好的发展空间,不如在此处成为不可替代的人才

大观园的丫环不计其数,但是曹雪芹只给了两个丫环"姓",其中一个便是鸳鸯,她得到了一个"金"姓。

金鸳鸯是贾母的左臂右膀,其职位相当于现在职场上的董事长机要秘书。虽然只是个伺候主子的下人,但鸳鸯却深得贾母的信任。

而当面对大老爷贾赦要招她为姨娘,从"普通员工"一下变为"领导层"的时候,鸳鸯却誓死不跳槽。

鸳鸯除了心细周到,温柔体贴,把那个享了几十年福的老太太哄得

服服帖帖之外，长相也是相当不错的。最重要的是，鸳鸯深得贾母信任，掌握着着贾母的私房钱。虽说是个丫环，但《红楼梦》中各房的主子见到鸳鸯也都要让上三分。董事长秘书可是离董事长最近的人，她的话是最容易影响董事长的。而且，鸳鸯干事得力，为人又公正，从不搬弄是非，也不借着自己的地位狐假虎威，贾母越是离不了她，她的职场空间也就越大。

也正因为鸳鸯太得贾母的欢心，才让贾赦起了念头，想讨了鸳鸯去做姨娘，他还专门让自己的老婆来给鸳鸯说："冷眼选了半年，这些女孩子里头，就只你是个尖儿，模样儿，行事作人，温柔可靠，一概是齐全的。意思要和老太太讨了你去，收在屋里。你比不得外头新买的，你这一进去了，进门就开了脸，就封你姨娘，又体面，又尊贵。你又是个要强的人，俗话说的'金子终得金子换'，谁知竟被老爷看重了你。如今这一来，你可遂了素日志大心高的愿了，也堵一堵那些嫌你的人的嘴。"看鸳鸯不太情愿的样子，邢夫人又劝道："难道你不愿意不成？若果然不愿意，可真是个傻丫头了。放着主子奶奶不作，倒愿意作丫头！三年二年，不过配上个小子，还是奴才。你跟了我们去，你知道我的性子又好，又不是那不容人的人。老爷待你们又好，过一年半载，生下个一男半女，你就和我并肩了。家里人你要使唤谁，谁还不动？现成主子不做去，错过这个机会，后悔就迟了。"

邢夫人这话已经帮鸳鸯把前途分析得很透彻，作为大房她亲自来劝，也显得很有诚意。但是鸳鸯有自己的打算，她对新领导不感冒，对新公司要从事的工作也不喜欢，虽然去了以后听起来是升职了，但是要面对更多的职场压力和复杂的人际关系。我们看看《红楼梦》里的姨娘们生活的状况就知道了：赵姨娘是个讨人嫌的，尤二姐被王熙凤暗算死了……姨娘听起来好听，当起来可不容易。而且，鸳鸯也知道，贾赦想要她做姨娘，也并不是真的喜欢自己，而是因为自己是贾母最喜欢的丫环，又知道贾母的私房钱，他是想用自己控制贾母的财产。最重要的一点是,她清楚,贾母才是贾府最大的靠山,自己现在虽然是秘书,听起来职位不高,但拥有实权。

可见,当你做到最好的时候,不但老板赏识,猎头公司也会主动找上门来。就如同鸳鸯一般,可以自己挑选个更适合自己的公司。

想要得到更好的发展空间,先要让自己成为不可替代的人才。

员工甲觉得自己现在的工作情况糟糕透了,上司要求苛刻,不尊重他,同事们总是很轻浮地开自己的玩笑,于是他跟乙抱怨说:"我要离开这个破公司。"

乙举双手赞成道:"没错,这样的公司你一定要好好的报复它,但是现在不是时机。"

甲很困惑地说:"为什么呢?"

乙说:"你若是现在走的话,公司的损失并不大,你要趁着在公司的机会,拼命的多拉一些客户,然后积累很多的工作经验,然后你带着这些客户离开这家破公司,让他们后悔莫及。"

甲觉得有理,于是开始努力工作,积累了很多的客户。乙说:"你现在可以离开了。"甲轻笑回答说:"老总准备升我做总裁助理了,我暂时不打算离开了。"

其实有些时候,很多事情达不到预期的目标不是因为公司,因为同事,而是因为自己。只要自己愿意去改变,下决心去改变,很多事情都可以解决,很多跳槽的借口也都不存在。事实上与其用跳槽去逃避我们所遇到的困境,不如面对它,解决它。把铅华和浮躁一起洗去,停止自己的跳槽生涯,然后安安静静的在一家公司的一个岗位上努力,让自己逐渐成为这个公司和这个岗位上不可或缺、无可替代的一员。

2. 你的敬业精神增加一分，别人对你的尊敬也会增加一分

在贾府那样的大家族里，鸳鸯深获各阶层人士的敬重和好评。当家人贾琏及女管家王熙凤，竟有时称她为"鸳鸯姐姐"，而贾政也对她客气三分。这固然是因鸳鸯的地位不同于其他婢女，也是因鸳鸯行事自我要求高、志行洁、能守住本分，而不越"礼"。小说中的鸳鸯深得贾母欢心，连打牌都离不开。她的爽直、聪慧、忠心，不仅把贾母的生活料理得井井有条、妥妥帖帖，不让贾母为生活琐事费心劳神，更重要的是她能体察"老小孩"的心意，处处满足她的欲望、乐趣。这在"金鸳鸯三宣牙牌令"一回中表现得淋漓尽致。

小说中没有写到她说别人的坏话，或以自己的特殊"岗位"而拉拢他人以培植私人势力。作为"一等"秘书，鸳鸯处处维护老太太的威信和尊严，同时又能做到秉公办事，严守他人的秘密。她管理贾母的财产数目可观，但从不私占肥己。即使把贾母的东西交给贾琏去当，也是为救这个大家庭，而非出于私心。由此可见，鸳鸯虽然是一个丫环，但比起王熙凤等主子来说，心灵不知要美上多少倍了。

金鸳鸯贵有一颗闪光的金子般的心。在一些女婢羡慕妾的地位、想方设法爬上这个位置的社会风气里，她丝毫没有虚荣心，丝毫不想要利用自己的地位去攀高枝。当老色鬼贾赦看中她、非要娶她不可的时候，她竟以剪发为誓明志，毅然地拒绝了。她忠于自己，没有非分之"梦"。第四十六回当平儿、袭人取笑她时，她讥笑了她们："你们自为都有了结果了，将来都是做姨娘的。据我看，天下的事未必都遂心如意。你们且收着些儿，别忒乐过了头儿！"这话如一盆冰水浇到平儿与袭人头上，让她们清醒之余还要打个冷颤——别做"姨娘梦"！

同一回,她回击她嫂子的话更是如五雷轰顶。鸳鸯痛骂道:"你快闭上你那臭嘴,离了这里,好多着呢! 什么好话! 又是什么喜事! 怪道成日家羡慕人家的丫头做了小老婆,一家子都仗着他横行霸道的,一家子都成了小老婆了! 看的眼热了,也把我送在火坑里去! 我若得脸呢,你们外头横行霸道,自己就封自己是舅爷了;我若不得脸败了时,你们把忘八脖子一缩,生死由我!"

鸳鸯看得透,骂得出,惊天动地,拆穿了一切想向上爬的奴才心态,也骂尽了世情! 鸳鸯虽身为女婢,地位卑微,但人格高贵。她没有因自己地位卑下而成弱者,甘心受人欺侮。面对主子贾赦的魔掌,她誓死抗争。在第四十六回里,她对贾母哭诉道:"因为不依,方才大老爷越性说我恋着宝玉。不然要等着往外聘,我到天上,这一辈子也跳不出他的手心去,终究要报仇! 我是横了心的! 当着众人在这里,我这一辈子,别说是'宝玉',便是'宝金'、'宝银'、'宝天王'、'宝皇帝',横竖不嫁人就完了! 就是老太太逼着我,我一刀抹死了,也不能从命……服侍老太太归了西,我也不跟我老子娘哥哥去,我或是寻死,或是剪了头发当尼姑去——若说我不是真心,暂且拿话支吾,日后再图别的,天地鬼神,日头月亮照着嗓子,从嗓子里头长疔烂了出来,烂化成酱在这里!"

这是一个人在绝望时方能发出的呼喊,也只有鸳鸯能够发出这样的呼喊——这呼喊中有她对社会、对人生的深刻体验,也有她忠于主人、忠于人格的痛惜之声。

鸳鸯的誓死不跳槽带给我们很多启示:

(1)一名员工如何才能延长职业生命? 很重要的一点是不能频繁跳槽。无论是刚刚毕业还是已经走上工作岗位的员工,对工作都不要过于挑剔,否则对自己的发展非常不利

(2)公司的老板,对跳槽的员工们应抱以宽容的心,如果能把感情维系住,这些跳出"槽"外的员工,经过在社会实践的锻炼仍是单位潜在的财富。

(3)在追求自我发展的职场上,忠诚也是一种职场生存方式。老板在用人时不仅仅看重个人能力,更看重个人品质,而品质中最关键的就是忠诚度。在这个世界上,并不缺乏有能力的人,那种既有能力又忠诚的人才是每一个企业都企求的理想人才。人们宁愿信任一个能力差一些却足够忠诚敬业的人,也不愿重用一个朝三暮四、视忠诚为无物的人,哪怕他能力非凡。

(4)只有所有的员工都对企业忠诚,才能发挥出团队的力量,才能拧成一股绳,劲往一处使,推动企业走向成功。一个公司的生存依靠少数员工的能力和智慧,却需要绝大多数员工的忠诚和勤奋。

(5)如果你忠诚地对待你的老板,他也会真诚对待你。你的敬业精神增加一分,别人对你的尊敬也会增加一分。不管你的能力如何,只要你真正表现出对公司的忠诚,你就能赢得老板的信赖。老板会乐意在你身上投资,给你培训的机会,提高你的技能,因为他认为你是值得他信赖和培养的。

3. 衡量清楚,再决定是"卧槽"还是跳槽

现在,许多人如同得了跳槽综合症,生命不息、跳槽不止,鸳鸯的"反常"举动值得我们三思。

工资不是万能的。

鸳鸯到了贾赦那里,收入会由当丫环时的一两变成二两,吃穿用度也会"鸟枪换炮"。但如果从"福利待遇"上来看,离开贾母是明升暗降。

在贾母那里,鸳鸯并没有滥用自己的权力,"他还投主子们的缘法,也并不指着我和这位太太要衣裳去,又和那位奶奶要银子去"。但以她所在的位置,吃穿用度自是和贾母相差无几,且能经常得到贾母及其他主子的赏赐,加起来,不会比做姨太太少到哪里。所以,收入方面,贾赦

对鸳鸯没有多大诱惑力。

作为一个现代人，在跳槽前，我们一定要向鸳鸯学习，在收入上算清账，眼睛不能只盯着那些拿到手里的钱，还要考虑公司的"软"情况，如：福利待遇、人脉关系、灰色收入、能力提升、公司是否有较好的培训、工资增长模式是否合理、自己有无快速增薪机会、跳槽对是自己的职业归划有何利弊……这些"身外之物"对一个员工的长远发展是极其重要的。在棋坛，高手总是能看出好几步棋，跳槽也要如此，不能头脑发热，想跳就跳，要有一个前瞻性的预测，不能为眼前的小利而"乱了心性"。

跳槽就是企业与员工之间的博弈，这种博弈主要体现在以下三个方面。请衡量清楚，再决定是"卧槽"还是跳槽。

(1)价值博弈

职业就是向社会提供价值，同时获得自己想要的价值。一个人到一家企业工作，会得到工资福利、人际关系、社会地位和能力成长等，要付出时间成本、精力成本、投资成本和生活成本等。所谓优质的职业，就是在付出一样的情况下，得到了更好的薪酬、更高的地位、更好的发展空间和能力提高的机会。而跳槽，就是为了获得这样的好工作，争取自己最大的附加职业价值。

从企业角度来看，企业聘用一名员工，获得了员工所从事岗位的岗位价值和员工的劳动贡献，付出了工资福利成本、培训成本、支持成本和管理成本等。企业会对不同的岗位进行价值判断，在岗位价值不变的基础上，追求付出更少的成本支出，也就是说，企业都在争取自身最大的附加岗位价值。

于是，在企业与员工之间便会出现一种价值博弈，员工会定期或不定期地向企业提出加薪、转岗和晋升要求，以提升自己的附加职业价值。当所在企业提供的附加职业价值没有吸引力时，他们就会在外部寻找机会，用跳槽或创业向所在企业说再见。而企业会连续地对员工进行绩效考核和各种管理，评价员工对企业的劳动贡献，向员工支付劳动价值。当企业认为员工不能胜任工作、考核结果很差、与企业发展价值贡献不匹配时,就会用各种方法让员工走人。

(2)替代性博弈

每天发生的离职事件数以万计,为什么有些人的离职悄无声息,而有些人的离职却让企业焦头烂额?更有甚者,能引发业界震动?这不仅仅是因为这些人是企业的骨干和业界的精英,更因为这些员工离职留下的岗位空缺很难在短时间内得到补给。如果员工很容易被替代,他的离职便不会对企业产生较大的影响;但是,一位骨干的离职则可能导致企业工作的混乱甚至是一段时间的停滞。

因此,跳槽与反跳槽是企业与员工替代性博弈的结果。从企业角度看,最理想状态是每一位员工都能够被经济、及时地替代,老板在得知骨干员工跳槽后的第一时间内宣布由某某接替其职位,并立即就位,企业正常运行,未来业绩波动不大,在这种情况下,企业无疑是最安全的,掌握着绝对的主动权;从员工角度看,他们时刻都在通过不断的学习和累积的经验来增强自身的不可替代性,从而为自己争取更高的职位和薪酬。

员工对企业的价值,从根本上来说是以可替代性的强弱为判断标准的。这一博弈过程始终存在于企业中,只是或隐或现,有时激烈,有时平缓。

(3)成长性博弈

企业与员工在相互合作的发展过程中会随着时间的变化,产生发展速度不同步的现象,或者企业发展较快,员工发展较慢;或者员工尤其是某些骨干员工成长的速度超越企业发展的速度。前者,员工会发现企业在不断做大,自己还在原地踏步,有被淘汰的可能;后者,作为成长了的员工个体,其产生更高的利益诉求是再正常不过的事情。

价值、不可替代性、成长性都与所在企业不匹配,而人才市场上又有合适职业发展机会,这时候你是可以考虑跳槽的。

找到家的感觉

鸳鸯是家生女儿，从小长在大观园，又在贾母身边做事，整日与府内外的"高层"往来，对园子的人和事看得自然比其他丫环深许多，是贾府内惟一有前瞻性思维的丫环。她知道，并不是做了姨娘，就会鲤鱼跳龙门，弄不好，做姨娘比做丫环还艰难。

首先在家族利益纷争中嫉妒容易成为牺牲品。鸳鸯不像王熙凤那样，有富贵的娘家做靠山，她的父母都是贾府的奴才，且已年迈，不在身边，哥嫂薄情寡义、不明事理。

其次，贾赦品行不端。他虽年老体衰，却贪财好色，心狠手辣，"略平头正脸的，他就不放手了"。一旦娶到手，"今儿朝东，明儿朝西？要一个天仙来，也不过三夜五夕，也丢在脖子后头了，甚至于为妾为丫头反目成仇"。而贾赦的正房邢夫人又是一个愚顽凶狠的主子，整天想着与王夫人争夺地位。在这种态势下，鸳鸯过去后，是不会有安宁日子可过的。鸳鸯觉得，在贾母身边虽享受不到当姨娘的"主子"好处，但毕竟安宁无事，况贾母做事分寸拿捏得十分好，能让鸳鸯找到家的感觉，这是穿金戴银、灯红酒绿的小妾生活所无法比的。

贾母之所以能留住鸳鸯，是因为她能营造一种和谐向上的氛围，企业如果想留住员工，让他们与企业"成家立业、白头到老"，就要在这方面下功夫。

现在许多企业总以为出钱多就能留住人，不重视对员工工作大环境的建设，比如为员工创造一个优美、安静的办公环境、提供通勤车服务、提供住房补贴或按通行做法提供无息住房贷款、在公司内形成尊重员工劳动的气氛(尤其是领导者，不能轻易否定员工的劳动成果)等等。

公司要想让员工找到家的感觉，最重要的一点是：绝不能像贾府那样搞一言堂，论资排辈，要建立员工建议制度，使他们的合理化建议得到实施。同时，对员工的工作量，企业要进行科学地测评，确定合理的工作量和工艺流程。员工负担过重或过于轻松都可能出现"工作厌恶症"，公司要在单调的工作中增加一点情趣，对工作特征比较相近的职位进行定期轮换。

有一个好归宿

鸳鸯死活不去贾赦那"高就"，那么她想"跳到何处"呢？贾赦早已知道——"想着老太太疼他，将来自然往外聘作正头夫妻去。"鸳鸯对自由的爱情是极其向往的，由她保护丫环司棋与潘又安恋情的事便可看出。

作为贾母的得力助手，鸳鸯是一个有才华的女孩，不但针织女红好，还能帮贾母守财、理财，王熙凤和贾琏就曾从她手里借过银子以备家里急用。

一个聪明、美丽、有才华的女孩，自然渴望找到一个能自己做主、又能尽情发挥才华的地方，所以，贾赦那个淫乐窝无论多么安逸富贵，在鸳鸯的眼里也不过是一个深不见底的火坑，纵使是当尼姑、上吊抹脖子也绝不答应。

一个能留住人才的公司，必须给鸳鸯这样的才女提供充分的发展空间，使她的个人能力和素质飞速成长，这样她对公司才能从认同变为爱恋、再变为依恋、最后生死相依、不离不弃。

当然，给员工进行培训有一大隐患，就是"肥水"容易流入外人田。在当今，让公司的人才绝对不流动是不可能的，公司在发展筹划时必须做好这样的准备，同时，要想方设法吸引并留住人才。

对于一些跳走的"鸳鸯"们，公司千万不能像贾赦那样，把人家骂得狗血喷头，要知道，如果感情唯系住，这些人才仍是公司的财富，在今后的发展过程中，彼此还可以有多种形式的合作，如果公司种的"梧桐树"长高长大时，要拿出当年刘备的风度与心胸，屡顾茅庐，求金凤凰"二进宫"。

中国有句俗话："好马不吃回头草"，现在许多企业主在对待离职员工的态度上也抱有同样的成见。受传统思想的影响，他们认为跳槽员工的"忠诚度"值得怀疑，返聘员工在面子上也说不过去。其实这是一种错

误的认识,在现代人力资源管理体系中"惜才理念"的范畴是很广泛的,
人才的跳槽离去是公司的一种损失,"新草看上去可能更绿一些,但事
实往往并非如此,所以应该叫他们回来,并告诉他们公司非常想念他
们。第一次雇用他们时可能由于了解不够而不知道他们的价值并做出
相应承诺,但在第二次你就可能发现金矿"!

　　人才跳槽之后的经历对他们而言是一段宝贵的财富,不同的环境和
工作内容进一步锻炼了他们的能力,阅历也随之增加,这样的人才对公
司来说远比一个新手重要得多。分析数据表明,雇用一个新员工所需支
付的招聘、培训费用以及相关的业务耗费超过了支付给该员工的个人
薪酬,但如果这个人原本就熟悉公司现有的业务流程,能够顺畅的与公
司管理层进行沟通,并且无需支付上岗前的培训费用呢?摩托罗拉公司
对于离职员工的返聘有这样一条规定:如果公司员工离开公司90天以
内重新回到公司,其工龄将跳过这一段离职时间连续计算。

　　近年来,许多跨国公司的人力资源部都出现了一个新的职位:"旧雇
员关系主管",专门负责与前雇员的联系工作。麦肯锡公司把离职员工
的联系方式、个人基本情况以及职业生涯的变动情况输入前雇员关系
数据库,建立了一个名为"麦肯锡校友录"的花名册,现在这些离职人员
中不乏上市公司CEO、华尔街投资专家、教授和政府官员,这些人至今都
与公司保持着良好的关系。其实麦肯锡也很清楚这些离职的人才再回
到公司的可能性并不大,但这些身处各个领域的社会精英们随时都会
给麦肯锡带来更多的商机!

延伸阅读:

贾母的私房钱与理财师鸳鸯

　　数个世纪前的英国,为贵族管理私人财务,已经成为一门职业化很
强的专学,如今的私人银行即脱胎于此。中国清朝康乾年间,当时的贵

族财务管理，多由府第管家或心腹人士实施，《红楼梦》中为贾母提供专职服务的鸳鸯可算是其中的一位。

鸳鸯为贾母打理的个人财富总价值约白银数万两。该笔财富共出现过两次。一次是凤姐的算法。第五十五回，凤姐在与平儿聊到省俭之计时称，宝玉和黛玉的婚嫁费用将全部出自贾母的体己钱(或称私房钱)，接着又说惜春等人婚嫁每人要花费七八千两白银，与之相比，宝黛婚嫁每人花费上万两是正常的，这样贾母的私房钱至少就有两万多两。

二是贾母的算法。第一百零七回"散馀资贾母明大义"中，因宁国府被抄，贾赦、贾珍等获罪，贾母将自己财物分派时显示了其个人财富。这包括：分给贾赦、贾珍、凤姐各三千两现银，交给贾琏的黛玉棺木南运费五百两，承诺包揽惜春婚事费用，交给贾政用于偿还债务的黄金若干，分给宝玉、宝钗金银饰物折数千两，分给李纨、贾兰若干，自备百年费用数千两，分给鸳鸯等的剩余财物。如此计算，贾母的个人财富约折合白银五万两。这笔财富为贾母自做贾府媳妇以来数十年积攒，平时用大箱笼自藏，从散馀资之前，贾母"便叫鸳鸯吩咐去了"一句可见，该笔巨额财富纯系鸳鸯一人打理，而能够迅速理清这笔财富，鸳鸯手中如没有一个现成的大账本是办不到的。

鸳鸯能够成为类似如今的CFP(国际金融理财师)，实为贾母之功。鸳鸯本是贾府的家生女儿，其父亲金彩和母亲长期为贾府看守南京的老房子，而鸳鸯早在儿时就成了贾母的丫环之一。试想，两个不在身边的看房人如何培养鸳鸯？她是被擅长理家的贾母一步步调教出来的，最后，她超越了其他丫环，成了贾母的心腹和私人财务师。

按凤姐对王夫人的陈述，鸳鸯的月薪仅是一两银子。以微薄报酬管理巨额财富，没有对贾母的忠诚是不行的，否则，随便挪用几百两，像凤姐那样在外面放放高利贷，她便可以获得很高的收益。但鸳鸯没有这样做，她对贾母感恩式的忠诚远胜过对物质的追逐，她甚至主动放弃了做贾赦姨太太的机会，这样的职业财务师实在难得。

为贾母理财，并不是一件易事。首先要做到账目细。诚然，贾母的日常财务支出并不多，大到礼节往来，小到家宴寿辰，都可在贾府公账上列支(如据贾琏称，贾母一次寿辰花费的数千两银子就出自公账)，但和凤姐等的小赌输赢、给秋纹等丫头的赏钱等，却是出自私房钱。虽然金额不大(多以钱、吊为单位计)，但每天都可能发生。

其次，要明了贾府财务大势，这包括有时要暗地挪用和支出贾母的个人财富。贾琏为应付节庆红白礼，急需三二千两银子，但公账上却无银可支，只好求助鸳鸯帮着偷出贾母的一箱东西典当。鸳鸯清楚贾府财务已是入不敷出，甘愿冒着风险帮了贾琏、凤姐一把，不过，直到贾母去世，贾琏也没有赎回这箱子当头，算是给鸳鸯出了个难题。

长期维持私人财务师的职位虽非易事，但鸳鸯的能力在于，她还兼任贾母的生活秘书，由于照料得好，年事已高的贾母，日常生活再也离不开鸳鸯。再则，她的才情和人情味，让她结下了一个好人缘。鸳鸯是酒令高手，行酒令时，要说诗词歌赋，她可以替王夫人说一个，可见她的才情，以及和王夫人的关系；司棋、潘又安私会，她发现后也不揭发，可见她对自由爱情的认可，以及她的前卫思想；宝玉、平儿生日，探春主动把她叫上，可见她的人脉。当然，有时候，她也有些手段。如在贾母大观园设宴中，她见剩下了许多菜，便质问管事的婆子，并要婆子挑两碗送给平儿吃，当凤姐说平儿吃过饭了，她则直称，"她不吃了，喂你们的猫"，显然是针对婆子们而言，此话一出，慌得婆子"忙拣了两样拿盒子送去"。

但鸳鸯的命运最终是个悲剧。她哥哥金文翔是贾母的买办，嫂子是贾母浆洗处的负责人，恐是贾母给了鸳鸯面子的结果。但势利的哥嫂完全靠不住，贾母去世后，面对贾赦日后可能的逼迫，她选择了自尽。

第五章

红楼四大秘书的职场情商

《红楼梦》中众多的秘书里，最突出的要数：鸳鸯、袭人、紫鹃、平儿这四大秘书。作为职场女性，她们都有自己成功的一面，能够从庞大的小丫环群体中脱颖而出，成为丫环中的"二等小姐"，年纪轻轻就坐上中层领导的位置，管着手下一批员工——小丫环们。也就是说，她们是红楼职场女子中的第一流先进工作者。

这四大女秘书，各有千秋：鸳鸯最忠诚，袭人最敬业，平儿最能干，紫鹃最贴心。学会了她们的职场之道，你的职场之路自然会顺畅得多。

鸳鸯:忠诚成就头号女秘书

鸳鸯是贾府数以百计的丫环当中地位最高的,因为她是伺候贾府老祖宗贾母的"首席大丫鬟"。贾母像她这样月银一两的丫环有八个,而鸳鸯位居第一。

鸳鸯自小服侍贾母,因聪慧贤淑深得贾母的喜爱,以至于众人都说贾母连吃饭都离不了她,这种尽善尽美的评价,纵观荣宁二府怕是无人比肩。贾母自己眼中的鸳鸯更是:虽年长,幸心细;能知意,且稳重;既守份,又擅言。贾母不止一次说自己离不开鸳鸯,连自己的体己钱也都交给鸳鸯保管,她甚至不惜为了鸳鸯斥责自己的大儿子,可想她对鸳鸯多么看重。

鸳鸯能成为头号女秘书,很大一部分源自她的忠诚。

1. 尽心尽力,让贾母做最省心的董事长

每个成功的领导背后都有一个默默耕耘、辛苦工作的秘书。享誉全球的微软公司在创业之初,连一间正式的办公室都没有。比尔·盖茨每想到此都会感慨万分,他说:"微软的成功有她的一份功劳。"这个"她"是指在他最艰难的创业阶段帮助过他的一个女秘书——露宝,她无微不至的服务,为他解决了很多工作上的困难,使他能够更好地创造辉煌业绩。

鸳鸯自小跟着贾母,尽心尽力地打理着贾母的一应琐事,小到吃穿

用度，大到贾母的体己钱，全在鸳鸯的管理之下。但鸳鸯从未做过任何逾矩之事。她手中拥有权力，但从不滥用，做事情的出发点都是贾母：怎样让贾母生活得更舒适，怎样让贾母更省心……

第七十六回，中秋赏桂，鸳鸯唯恐"露水下了，风吹了头"，拿巾兜与大斗篷来，劝老太太"坐坐也该歇了"，而贾母道："偏今儿高兴，你又来催，难道我醉了不成？偏要坐到天亮！"一面又"戴上兜巾，披了斗篷"。鸳鸯细心周到，考虑到了生活的最细微处，而老太太虽嗔犹喜，对鸳鸯的贴心十分受用。从两人的对话看，似乎在主仆关系的表面上还有一份朝夕相处衍生出来的亲情。

贾母年纪大了，做为贾母的第一秘书，最重要的就是让贾母保重身体。鸳鸯细致体贴，不但注意给贾母添减衣物，更是时常做贾母的开心果，让贾母保持心情愉悦。每次王熙凤逗贾母笑的时候鸳鸯都在旁做默契配合。

也难怪李纨这样夸她："大小都有个天理：比如老太太屋里，要没鸳鸯姑娘，如何使得？从太太起，哪一个敢驳老太太的回？他现敢驳回，偏老太太只听他一人的话，老太太的那些穿带的，别人不记得，他都记得，要不是他经管着，不知叫人诓骗了多少去呢……"就连能干的平儿也说："那原是个好的，我们哪里比得上他。"

对于秘书来说，最重要的就是忠诚。这放在现在的职场上，便是秘书必须坚持自己的职业操守。

郭思宇是科技公司总裁办的秘书，这天下午她给总裁送份刚收到的传真，正准备离开时，总裁让她坐下来聊一会儿天。聊着聊着，总裁突然说："郭思宇，近来公司似乎有人在议论吴总生活作风上的事，你平时主要负责吴总的工作，知不知道一些这方面的情况？"听总裁这么一问，郭思宇知道总裁是有所指。上个星期五下午，负责市场的吴总匆匆忙忙地把郭思宇叫到自己的办公室，拿出一个精致的锦缎盒和一张写有地址的纸条对郭思宇说，由于广州那边的市场出现了意外情况，他现在必须马上去机场飞往广州，所以委托郭思宇帮他给朋友送个礼物。第二天下午，根据吴总的纸条，郭思宇找到了礼物的主人——一位看上去不到30岁的漂亮女士，她接过礼物时高兴得几乎跳了起来："啊！吴哥连我的生日都还记得，真是太好了，谢谢吴哥！"

郭思宇当时就觉得这事有些怪怪的，所以，她估计总裁问的是这件事。但是郭思宇觉得这是吴总的个人隐私，因此，她这样回答总裁："没什么事呀！"

"真的没什么事？"总裁反问了一句。

"真的。"郭思宇更加坚定地回答。总裁有些失望地说没什么事了，让郭思宇回去了。没过几天，人力资源部的人通知郭思宇从下个星期起到销售部上班，当普通业务员。当时郭思宇感到五雷轰顶，她问为什么会被调职，对方悄悄地告诉她：原来总裁打算让郭思宇给自己当秘书，但她在上次有意设计的忠诚度测试中没有合格，所以让她转岗。

这时，郭思宇才后悔自己没有说实话，轻易地断送了自己的职业生命。

的确，中国历来有"士为知己者死"的传统美德，对于吴总的这份信任，在一般情况下郭思宇应替他隐瞒。但是当公司的最高领导人专门抽出时间来过问吴总给人送礼物这件事，那送礼的事就不再是单纯的个人隐私了。至于这件事与工作是有什么关系，总裁会怎样处理这件事，那不是需要郭思宇过问的事情。因此，郭思宇为吴总"两肋插刀"的做法，只能算是一种个人"义气"，并不是现代职场所需的"忠诚"。从另外一方面来说，总裁主动问起这件事，就说明总裁不是在捕风捉影，而是有备而来。在这种情况下，即使郭思宇想把事情瞒过去也是做不到的。所以，郭思宇身上的这种"义气"不仅对吴总没有任何意义，还把自己也搭了进去。

对于秘书来说，忠诚就是他的职业生命，对于那些快速成长的高科技公司，或者以服务业为主的公司来说，秘书忠诚度更为重要，因为这种新兴的公司在市场中的核心竞争力,可能就是一项专利,是一个技术诀窍,或者是一个创意,有时甚至只是一条商业机密,就像当年的可口可乐公司一样,只有一个配方。秘书为了钱,或者为了泄私愤,完全有可能利用职务之便,出卖公司的这种无形资产。因此,有人把秘书比作"埋在领导身边的定时炸弹"。

如果一个秘书对他服务的领导或公司没有忠诚感,就不能算是一个职业秘书,充其量只是一个勤杂工。

在现代企业中,职业经理人与职业秘书之间的关系,就像交响乐团中的乐手与指挥的关系一样,乐手不是为指挥而演奏的,而是按指挥的手势与指挥一起共同为观众而演奏;秘书不是为上司而工作,而是与上司一起为企业而工作的,只不过秘书是根据上司的指令而工作罢了。因此,秘书与上司的关系本质上是一种工作关系,不存在任何人身依附关系。既然秘书与上司只是一种工作关系,那秘书就必须首先忠诚于自己所在的企业,优先考虑公司利益,而不是与上司之间个人的关系。

职业秘书必须坚持自己的职业操守,如实向领导汇报自己知道的事情,既不添油加醋,也不掐头去尾,这既是做秘书的天职,也是做人的道德底线。

2. 积极处理与其他部门的关系,使得贾母无后顾之忧

鸳鸯一方面料理着贾母个人的各项事务,使得老板一天都离不开她;另一方面又积极处理与其他部门关系,使得贾母无后顾之忧。

鸳鸯在保护自己的同时,对别人也很善良

所谓仆以主贵,贾母乃是府中至尊至贵的头号人物,故而鸳鸯的身份也比一般的主子还要高,连贾琏、凤姐见了她也是要陪笑的。

《红楼梦》中写有体面的大丫头耀武扬威的段落不少,迎春的丫头司

棋为了一碗鸡蛋就跑到厨房里大打出手，是其中的代表。管厨房的主管柳家的抱怨："我倒别伺候头层主子，只预备你们二层主子了。"后来司棋被赶，周瑞家的趁机道："你如今不是副小姐了，若不听话，我就打得你。别想着往日姑娘护着，任你们作耗。"可是位重权高，地位身份都比司棋高很多的鸳鸯却从没有仗势欺人过。

正如李纨所说："老太太屋里，要没那个鸳鸯如何使得？从太太起，哪一个敢驳老太太的话？从王夫人开始，就没一个人敢。偏老太太只听她一个人的话，老太太那些穿戴的别人不记得，她都记得。要不是她经管着，不知叫人诓骗了多少去呢！那孩子心也公道，虽然这样，倒常替人说好话，还倒不依势欺人的。"鸳鸯为人很公道，心地善良，办事公正，所以深受贾府上下的敬爱。

刘姥姥二进大观园的时候，为了让贾母高兴，鸳鸯让刘姥姥扮演一个喜剧角色。但是她丝毫没有嘲弄的意思，而是提前跟刘姥姥说好了。事后，她又特意给刘姥姥赔了不是。

刘姥姥临走时，鸳鸯代贾母送客。她知道刘姥姥家里拮据，早已给刘姥姥准备了不少东西。先是将贾母从未穿过的衣服里选了几件，还专门给刘姥姥解释："这几件衣服都是往年间生日节下众人孝敬的，老太太从不穿人家做的，收着也可惜，却是一次也没穿过的。"另外准备了刘姥姥要的面果子，把刘姥姥要的药都按方子分别包好。

对那些一起长大的姐妹，她是能照看的都照看着。鸳鸯无意撞见司棋和他表兄的私情，在封建礼教非常严酷的社会，在贾府这样的大贵族家庭，丫环跟仆人如果发生了这样一种事情，是违反礼教的，是败坏贾府名声的。在这种情况下，丫头、仆人、小厮就是被打死，官府也是不究的。如果事情泄露出去，司棋必将被赶出府去。善良的鸳鸯虽然不认同这种行为，但亦没有声张，保全了司棋的名节。后来鸳鸯闻知那边无故走了一个小厮，园内司棋又病重，要往外挪，心下料定是二人惧罪之故，"生怕我说出来，方吓到这样"。反过意不去，与司棋说："我告诉一个人，立刻现死现报！你只管放心养病，别白糟踏了小命儿。"司棋一把拉住她，哭道："我的姐姐，咱们从小儿耳鬓厮磨，你不曾拿我当外人待，我也不敢待慢了你。如今我虽一着走错，你若果然不告诉一个人，你就是我的亲娘一样……"一面说，一面哭。鸳鸯又安慰了她一番，方出来。可惜鸳鸯的一番好心，终没能保司棋平安，在后来的抄检中，司棋因此离开了大观园。

鸳鸯不但善良，在大事上也深明大义。贾府的经济危机越来越严重，只是瞒着贾母。贾琏这个当家人穷于应付，借当借到鸳鸯这里。才开了口，鸳鸯果然就帮了他，也许是体谅他的难处，也许是看凤姐的面子，替老太太出个面，托一托难局，弄个外表的风风光光，让大家太平度日。

对于王熙凤，府里的丫环是当着面一味的怕背地里一阵的骂，只有鸳鸯，通情达理，看到了凤姐的难处。"他也可怜见儿的。虽然这几年没有在老太太，太太跟前有个错缝儿，暗里也不知得罪了多少人。总而言之，为人是难作的：若太老实了没有个机变，公婆又嫌太老实了，家里人也不怕，若有些机变，未免又治一经损一经。如今咱们家里更好，新出来的这些底下奴字号的奶奶们，一个个心满意足，都不知要怎么样才好，少有不得意，不是背地里咬舌根，就是挑三窝四的……"寥寥数语把凤姐这个头上有三层公婆，中间有无数姊妹妯娌，底下有大群管家奴仆的贾府当家人当家做人的难处，剖析得滴水不漏。这足见鸳鸯对管理工作的难处非常了解，考虑周全。

面对诱惑要敢于拒绝

贾赦看上了鸳鸯，想把她要来做小妾，于是打发邢夫人向贾母讨。按照邢夫人的想法，鸳鸯是一定同意的——

邢夫人道："我心里想着先悄悄的和鸳鸯说。他虽害臊，我细细的告诉了他，他自然不言语，就妥了。那时再和老太太说，老太太虽不依，搁不住他愿意，常言'人去不中留'，自然这就妥了。"凤姐儿笑道："到底是太太有智谋，这是千妥万妥的。别说是鸳鸯，凭他是谁，那一个不想巴高望上，不想出头的？这半个主子不做，倒愿意做个丫头，将来配个小子就完了。"邢夫人笑道："正是这个话了。别说鸳鸯，就是那些执事的大丫头，谁不愿意这样呢。你先过去，别露一点风声，我吃了晚饭就过来。"

按照常理，任何丫环，对翻身为主的诱惑都会毫不犹豫地答应，这是人之常情，本无可厚非。但是，越是在关键时刻，越是能看出一个人的品质，在这样的诱惑面前，鸳鸯选择了拒绝，敢于说"不"。

作为秘书，必须做到理性、忠诚、不慕荣华、自立自强、热爱事业、热爱岗位。鸳鸯是深沉内在、锋芒内蓄、心思细密、刚直不阿的。因此，贾母很放心地把一切事务都交予她打理，使她逐渐成为贾氏公司最具权威的首席秘书。

但是，鸳鸯的拒绝却引来了贾赦的忌恨。

面对过分的要求，如何拒绝，在某种程度上说，算得上是一门艺术。因此，我们不光要向鸳鸯学习她判断问题的前瞻性，更要向她学习勇于拒绝的果敢。

那么，我们如何运用拒绝呢？通常情况下，拒绝应当机立断，不要含含糊糊，态度暧昧。别人求助于自己，且这个忙不能帮时，你就该当场明说。从语言技巧上说，拒绝有直接拒绝、婉言拒绝、沉默拒绝、回避拒绝等方式。直接拒绝，就是把拒绝的意思当场明讲。婉言拒绝，就是用温和曲折的语言来表达拒绝。沉默拒绝，就是在面对难以回答、很棘手的问题时，以静制动，一言不发，静观其变。回避拒绝，就是避实就虚，不对对方说"是"，也不说"否"，转而议论其他事情。遇上过分的要求或难答的问题时，你就可以使用这个方法。

鸳鸯拒绝当妾其实就是经历了以上的过程。现实中，想说"不"并不容易，需要意志和理性。当你面临着同学聚会和加班的决择时，你选择什么？是选择聚会还是选择工作？有这样一位员工，他选择了聚会丢掉了本来不错的饭碗。聚会和工作对你的生存来说哪个更重要？工作让你生存和成长，而没有多少意义的聚会会使你虚耗光阴。当生存都不能保证的时候,聚会还有什么意义?有些人也许会觉得平时工作压力大、很累,其实,这是件好事,它说明你很充实,你在进步;相反,当你没有工作时,虽然轻松,但你会觉得自己被社会所抛弃,那种感觉绝对不好受,对自己的发展也极为不利。

袭人:贾府中最敬业的秘书

袭人不仅仅是宝玉的秘书,还是宝玉的未来姨娘,也是第一个与宝玉初试云雨的人,算得上贾宝玉切实意义上的第一个女人。也因此,袭人对待贾宝玉,不单单是把他当做主子,还把他当做自己的丈夫,她希望贾宝玉能安心读书,考取功名走上仕途,自己也好夫荣妻耀。也因此,大小事上,她比别人都要尽心,不但照顾贾宝玉的饮食起居,还督促他努力读书,收心养性。也正因此,袭人,算是贾府中最敬业的秘书。

1. 秘书的第一步:做好日常琐事

当个秘书,容易;做个称职的好秘书,很难。秘书工作最考验人,也最锻炼人。只有那些肯于经受磨炼、认真做事的人,才会出成绩,不断升职。

吴士宏是被人们称为"打工皇后"的著名女强人。她在自传中回忆说:"在IBM工作的最早的日子里,我扮演的是一个卑微的角色,沏茶倒水,打扫卫生,完全是脑袋以下肢体的劳作。我曾感到非常自卑,连触摸心目中的高科技象征的传真机都是一种奢望……"

　　由于工作踏实、认真、肯动脑子，吴士宏在秘书岗位上一步步迎头赶上，累积的经验越来越丰富，才干也越来越大，由此在IBM得到了许多发展的机会。后来，她还担任过微软大中华区CEO、TCL集团总经理，是名副其实的"打工皇后"。

　　从一个默默无闻的小秘书，到成为著名的女强人，吴士宏的经历表明：秘书绝对是一个可以有所作为的职业。对那些初入职场，资历平平的新人来说，一旦选择了秘书这个岗位，就应该主动接受历练，在成长、进步中采摘成功的果实。而秘书要做好的第一件事情，就是把日常琐事做好。

　　现代秘书的日常琐事主要是接听电话、收发邮件、整理资料。在贾府这个大职场中，秘书的日常琐事是照顾主子的饮食起居。

　　贾宝玉穿衣服、洗头洗脸基本都是袭人服侍，被视为贾宝玉命根子的那块玉，袭人每夜都要摘下，用手帕包了，仔细放好。每天晚上，袭人都要等宝玉，若回来的晚了，还要倚门盼望，或让小丫头去找。对宝玉的安全问题她比谁都上心。

　　除了这些，宝玉身上的衣服也多出自袭人之手，书中多次写袭人在做针线活，而这活多到她需要宝钗、史湘云来帮她。

　　有一回，大中午的薛宝钗来看贾宝玉，正值夏天，外间的丫环都睡着了。来到里间，宝玉在床上睡着了，袭人坐在身旁，手里做针线，旁边放着一柄白犀麈。宝钗悄悄地笑道："你也过于小心了，这个屋里那里还有苍蝇蚊子，还拿蝇帚子干什么？"袭人给宝钗解释："姑娘不知道，虽然没有苍蝇蚊子，谁知有一种小虫子，从这纱眼里钻进来，人也看不见，只睡着了，咬一口，就像蚂蚁夹的。"可见袭人照顾宝玉是多么的细致入微，大夏天的，怡红院又近水，连个苍蝇蚊子都没有。在那个没有电蚊拍、没有杀虫剂、没有电蚊香的年代，袭人连人眼看不到的小虫也防着，确实敬业。

　　接下来，薛宝钗又瞧了袭人手里的针线，原来是个白绫红里的兜肚，上面扎着鸳鸯戏莲的花样,红莲绿叶,五色鸳鸯。宝钗夸奖道:"嗳哟,好鲜亮活计!这是谁的,也值的费这么大工夫?"袭人说是宝玉的,还跟她解释:"他原是不带,所以特特的做的好了,叫他看见由不得不带。如今天气热,睡觉都不留神,哄他带上了,便是夜里纵盖不严些儿,也就不怕了。你说这一个就用了工夫,还没看见他身上现带的那一个呢。"袭人也是聪明,知道宝钗的心思,一边表明自己对宝玉的照顾入微,一边也含蓄地夸耀了自己的手工。宝钗随后也夸她:"也亏你奈烦。"

自己兢兢业业做了这么多工作,如果没人知道那不是白辛苦?工作应该让领导认可,尤其是,袭人已经明了宝钗对贾宝玉的心意,也明白王夫人的打算,既然薛宝钗以后可能是自己的领导,那自己能干又敬业的一面一定要让她看到。

延伸阅读:

工作兢兢业业,成绩得不到领导认可怎么办

有些秘书在工作中积极主动,想尽一切办法去完成领导交办的任务,但是在事情办完之后向领导汇报或让领导检查时,领导总是会提出一些在秘书看来不算什么的问题。自己付出了辛勤的劳动却得不到领导的认可,心情自然会很糟糕,这会直接影响到工作质量和效率。出现这种情况,秘书应及时做出调整。

(1)冷处理

先冷静下来,静心思过,从自身找原因,想一想自己的工作是不是做得不够完善或方法不对。

(2)善于沟通交流

自己的付出没有机会展现给领导,领导对情况不甚了解,就会对你态度冷淡或批评有加。此时你应在工作或生活中寻找机会多与领导交流,加深彼此的印象,消除领导的无端挑剔,以减少分歧,密切上下级的

关系,协调一致搞好工作。

(3)表现自己

要能干还要会表现,要努力把自己的优点推销给领导。树有高低,人有长短。领导欣赏的是下属的优点和长处,秘书只有在适当的场合,抓住有利的时机充分表现自己,恰到好处地展现自己的能力和才干,才有可能得到领导的赏识。

2. 维护上司的面子,站在上司的角度看问题

书中袭人第一次出现,是写她有痴处,服侍贾母时,心中只有贾母,现在服侍宝玉,心中眼中又只有一个宝玉。虽然凡事以宝玉为先,但她却没有迎合宝玉的好恶,而是牢牢把握当时的"主旋律",劝诫宝玉留意经济文章,改掉不合时宜的毛病。但因宝玉性情乖僻,规谏总不见效,有时还引得领导不喜欢,所以她只能小心说话,用哄的办法。

如果秘书只知道埋头苦干,缺乏大局意识,在领导眼里便是缺少灵气的人,难以重用,只适合打杂。

秘书在脚踏实地地工作的同时,不能安于现状,还要学会利用自己的职位优势,突破本职工作的束缚,开阔自己的视野,从整个公司运营的角度来观察问题,像上司一样思考问题。只有这样的秘书才能想上司所想,急上司所急,把一些工作做在前头,让上司把他当成自己的助手。

袭人就是站在领导的角度考虑问题,她出于对领导贾宝玉前途的着想,希望贾宝玉多读书,不要把时间都花在和女孩玩闹上。贾宝玉因为荒废学业被父亲贾政教训了一通,王夫人命人去怡红院找个丫头来问话。袭人想了一想,命众人好好服侍,自己来见王夫人。她对王夫人说:"论理,我们二爷也须得老爷教训两顿,若老爷再不管,将来不知做出什么事情来呢。"她不仅向大领导表示了自己对顶头上司前途的关心,还

出了主意,说了一篇"男女之分"的大道理,口口声声说"如今二爷也大了,里头姑娘们也大了……日夜一处起坐不方便,由不得叫人悬心……他又偏好在我们队里闹,倘或不防,前后错了一点半点,不论真假,人多口杂,那起小人的嘴有什么避讳?"不但关心,还能提出想法和可行性建议,王夫人当然为自己儿子能有这么明理的秘书高兴了。

袭人在宝玉面前如此周到,但还是受了委屈。一次,宝玉叫门不开,窝了一肚子气,门一开,赌气一脚踢了上去,之后才发现是袭人,宝玉急忙上来安抚。这一脚踢得确实不轻,当晚袭人就吐了血。可是当时她还硬撑着说:"没有踢着。还不换衣裳去。"随后袭人一面忍痛换衣裳,一面宽慰宝玉,给宝玉找借口:"我是个起头儿的人,不论事大事小事好事歹,自然也该从我起。但只是别说打了我,明儿顺了手也打起别人来。"不但不埋怨宝玉,反而劝他不可声张,以免惊动别人。她设身处地的为宝玉着想,站在他人的位置上思考,真切地感受着别人的痛苦和困惑。

袭人既考虑宝玉前途,又维护宝玉面子,宁愿自己受委屈,也不想领导受责难,也难怪王夫人等更看重袭人。

延伸阅读:

领导向你发脾气时怎么办

在现实生活中,人们的思想和行动并不总是由理性支配的,有时会受情绪的影响。领导工作上不顺心,或受生活琐事困扰的时候,就容易心情烦躁,有意无意地发脾气。在这种情况下,秘书应该学会理解领导,做到"以静制动"、"以柔克刚"。

(1)忍让

领导发脾气时,秘书首先应学会"忍让",即用一种豁达的心境对待各种始料不及的事情,懂得"忍一时风平浪静,退一步海阔天空"、"小不忍则乱大谋"的道理,尽量不要与领导发生正面冲突。但秘书也不是受气筒,所以要学会听领导的弦外之音,分析领导发火的原因。若自己力所能及,你就应全心全意帮助领导解除忧烦、消除后顾之忧以便他集中精力投入到工作中去,若自己爱莫能助,你要通过多种方式间接帮助,用实际行动感化领导。等事情平静后,领导者会反省自己,寻找机会主动道歉的。

(2)委婉地表达自己的观点

在公众场合,秘书受到委屈时一定要有气度,不要当众与领导顶嘴。小的委屈忍一忍,大的委屈应再找机会与领导谈一谈,让领导知晓到你当时没有反驳的原因。如果只有领导和秘书二人在场,秘书应以委婉的方式提出自己的不满,使领导认识到自己在态度、措辞或方式方法上存在问题。

(3)利用第三者传话

领导在工作中遇到的麻烦事很多,有时发脾气也属于正常现象,但如果事关大局,在领导消气之后,秘书应当找机会同领导讲清楚,自己不便直接同领导讲的,可以通过第三者间接说明。

平儿:职场万能胶

若论《红楼梦》的职场情商,在丫环里面,上等人物,当属平儿。

平儿的处境其实极艰难,上有王熙凤那样的母老虎上司,下有争风吃醋、虎视眈眈的奴仆们,但她却能让上上下下都说好。在王熙凤面前,她是忠心耿耿的奴才,没有一点小妾的争宠,这在很大程度上打消了王熙凤的戒心,稳住了这个实力派上司的心;在旧日姐妹们面前,她照样是那个很贴心的平儿,时不时地照应着大家,身份变了心不变。两边都继续拿她当亲人,这是在职场中最难拿捏的,所以平儿当属典范。

1. 配合默契,做好领导的左膀右臂

李纨说:"有个唐僧取经,就有个白马来驮他……有个凤丫头,就有个你。你就是你奶奶的一把总钥匙……"一语点中了平儿的重要性。

王熙凤刚愎自用,做事情急功近利,得罪的人也最多。多亏了平儿在身边时常提点,私下帮她化解了各种矛盾。

现在特流行一个词,叫"弥缝",就是说,出现一些缝隙了,有人专门给你补上,对于王熙凤来说,平儿就是在做弥缝工作。

王熙凤跟秦可卿关系很好,秦可卿的弟弟秦钟有一天到贾府来玩,王熙凤很开心,两人在一起又是聊天又是吃吃喝喝,但是王熙凤百密一疏,秦钟走的时候,她竟然忘了送他礼品,没想到走到大门口,平儿提着大包小包过来了,说,这是凤姐送你的礼品。

平儿这个弥缝,弥得多好:想人之所想,急人之所急。哪个上司不希望自己的下属能够和自己心意相通呢?

不仅如此,平儿还心思细腻,有时候领导王熙凤没搞明白的事情还需要她来提醒。

宝玉因为跟金钏儿开玩笑,王夫人一巴掌把金钏儿打得跳了井。之后王熙凤发现了一件怪事,她每天在家里坐着或者到公司去巡视,总是有人给她赔笑脸,给她塞东西。王熙凤那么聪明的人,一下子没明白过来,她就问平儿:我平时跟他们关系很差的,他们怎么见我都笑开了花。平儿就一笑,说,你忘了,那个金钏儿不是跳井死了,王夫人身边现在岗位空缺,她们是要来推荐人,要来上这个岗的。凤姐一听恍然大悟。

秘书的含金量在于能担当领导的左膀右臂,所以没有职场功夫是不

行的。关键时刻,能给领导出主意,能挺身而出的秘书才会被领导视为"自己人",是领导最信任的人。

由于企业生存环境的变化速度越来越快，许多企业积累的知识、技术、经验,甚至运营模式新陈代谢的频率也越来越高。不仅如此,员工的价值观念也在与时俱进,这给企业的管理带来了新的挑战。因此,许多企业在根据这种变化而不断调整自己的经营目标和方式。因为只有适应这种变化,企业才能立于不败之地。比如,过去一些企业领导人推崇等级森严、军事化或半军事化的管理,现在有些企业开始变得人性化。而企业对员工的要求也越来越高。这种要求不只局限于工作能力,还包括主人翁意识、创新力等。对于企业领导人来说，他们对自己的助手——秘书的情商要求也是越来越高。

秘书情商提高的过程,实际上也是一个提高企业竞争力的过程。如果秘书的情商得到了提高,那他就能与上司和谐相处,在工作中形成默契，使双方的工作相得益彰:他会自然而然地养成多角度看问题的习惯,不再拘泥于自己已有的经验,将创新当做一种习惯;由于秘书情商的提高,企业领导人的决策水平会相应提高,企业适应环境变化的能力也随之提高了。

2. 随机应变,随时准备为上司"灭火"

"凤丫头就是楚霸王,也得这两只膀子好举千斤鼎,他不是这丫头,就得这么周到了!"李纨的评语,并不夸张,平儿对凤姐,不仅赤胆忠心,且能与其配合默契。在待人接物、行权处事诸方面,不待凤姐出口授意,平儿便能掂掇轻重、知所进退。

平儿知道凤姐与秦可卿素日亲密,便作主给秦可卿之弟秦钟备了格外丰厚的见面礼;她深悉凤姐与贾琏同床异梦、私攒体己,当旺儿来送利银之际，便巧妙地为凤姐掩饰，不使贾琏察知；她明白探春理家，必先从凤姐这里开例作法，便竭诚支持探春改革，并委婉解说凤姐在位不得不维持旧例的苦衷，使双方都有台阶下，深得凤姐赞许。凡此种种，均可见平儿确为凤姐心腹之人。反过来说，偌大贾府，凤姐能够推心置腹与之诉衷曲、道烦难的，大约也唯有平儿一人而已。

王熙凤生病的那段日子，王夫人让探春、宝钗、李纨共同理事，但探春毕竟年轻，总有思虑不周的地方，于是平儿经常在暗地里协助。这一方面是为了不在府里闹出什么岔子，另一方面，是因为她素知王熙凤平日得罪人太多，这个时候探春掌握大权，如果有人趁机在探春那参王熙凤一本，王熙凤岂不难做。

有一天，宝玉的丫环秋纹前往回话，在门口遇见管家媳妇们，众媳妇忙赶着问好，说："姑娘也且歇一歇，里头摆饭呢。等撤下饭桌子，再回话去。"秋纹也大喇喇地笑道："我比不得你们，我那里等得。"说着便直要上厅去。那些媳妇们如此客气，自然是看在宝玉面上；而秋纹如此张扬，是因为自视怡红院的面子比别人大。

幸亏平儿叫住了她，叮嘱说："你凭有什么事今儿都别回……正要找几件利害事与有体面的人开例作法子，镇压与众人作榜样呢。何苦你们先来碰在这钉子上。你这一去说了，他们若拿你们也作一二件榜样，又碍着老太太、太太；若不拿着你们作一二件，人家又说偏一个向一个，仗着老太太、太太威势的就怕，也不敢动，只拿着软的作鼻子头。你听听罢，二奶奶的事，他还要驳两件，才压的众人口声呢。"

这方方面面，考虑得何其周到，不但猜测出探春、宝钗的心理，且顾到了老太太、太太的面子，又想及众人的口声。没有几年中层管理的经验，没有一番斡旋决策的本领，绝不会这般明智婉转。

探春掌权期间，她母亲还来闹过一次，探春作为庶出，本就委屈，性情又高，好不容易有一次施展才华的机会，偏偏自己的老妈不争气，跑来闹，正觉得没脸呢，平儿及时过来，帮她化解了难堪。后来，她又出来推心置腹地劝诫众家仆："你们太闹的不像了。他是个姑娘家,不肯发威动怒,这是他尊重,你们就藐视欺负他。果然招他动了大气,不过说他个粗糙就完了,你们就现吃不了的亏。他撒个娇儿,太太也得让他一二分,二奶奶也不敢怎样。你们就这么大胆子小看他,可是鸡蛋往石头上碰。"

这既是替探春警告诸人,也是在为众人设身处地地着想,可谓苦心孤诣,只望大家无事。

优秀的秘书不仅要随时为上司扑火、灭火,还要在任何人面前维护上司的尊严,替他化解一些难堪。

探春改革,平儿总是先表示支持,接着又说出一番早就该改而未改的道理来,此举于公是相信探春的能力能为大观园兴利除弊,于私是为了转移平日众人对凤姐的积怨。这引得宝钗过来摸平儿的脸笑道:"你张开嘴,我瞧瞧你的牙齿舌头是什么作的。从早起来到这会子,你说了这些话,一套一个样子,也不奉承三姑娘,也没见你说奶奶才短想不到,也并没有三姑娘说一句,你就说一句是;横竖三姑娘一套话出,你就有一套话进去;总是三姑娘想的到的,你奶奶也想到了,只是必有个不可办的原故……他这远愁近虑,不亢不卑,他奶奶便不是和咱们好,听他这一番话,也必要自愧的变好了,不和也变和了。"

由此可以看出,要做一个好秘书,没有随机应变的本事是不行的。

"俏平儿软语救贾琏"(二十一回)、"俏平儿情掩虾须镯"(五十二回)、"判冤决狱平儿行权"(六十一回),在这里,不论是"救"、是"掩"、还是"行权",都有一个共通点,就是为他人排难解围,而且都是凭借凤姐的信任瞒哄凤姐成全别人。在琏、凤之间,平儿当然站在凤姐一边,但平儿全无凤姐那股醋劲,从不挑妻窝夫、拈酸吃醋,对贾琏的外遇看得很淡。她之前顺手藏过多姑娘的头发,援救贾琏,之后居然化险为夷,免去一场醋海风波。至于"虾须镯"和"玫瑰露""茯苓霜"事件,都是发生在丫头之中的窃案,而且都已察知了作案之人。平儿处理事情,不仅能弄清案情的来龙去脉,而且能虑及到当事和牵连的各方人物,能以体谅之心和宽容之道,缩小事态、化解矛盾。这决不是庸俗的和事佬,而是睿智的仲裁者。虾须镯是宝玉房中的小丫头坠儿偷的,如果吵嚷出去,一则恐素日回护丫头女儿的宝玉被人抓住把柄,二则怕袭人、麝月等宝玉房中的大丫头面子难堪,三则尤恐爆炭一样个性的晴雯病中添气,发作出来。平儿思前虑后,决计不作公开处理,只私下知会麝月暗中防范,找个借口把坠儿打发出去。这番设想被宝玉无意中听得,深感平儿体贴周全之情。"霜"、"露"事件更为复杂,牵动的面更广。平儿查明底细,同宝玉等计议,准备瞒赃了结,但又不能糊涂了事,遂把王夫人房中的彩云、玉钏儿叫来,说"不用慌,贼已有了","我心里明知不是他偷的,可怜他害怕都承认。这里宝二爷不过意,要替他认一半。我待要说出来,只是这做贼的素日又是和我要好的一个姐妹,窝主却平常,里面又伤着一个好人的体面,因此为难……若从此以后大家小心存体面,这便求宝二爷应了;若不然,我就回了二奶奶,别冤屈了好人"。

讨好上司并不难,难的是对下属也体贴照顾。成功的秘书决不是只把领导伺候得好,而是上下都能打通,成为一座畅通无阻、坚固可靠的桥梁。

平儿有权,但不滥用权威,更不刻意树立个人的权威。正因此,平儿在奴仆群中甚至主子之间树立起了真正的威信。人们对平儿不像对凤姐那样畏多于敬,而是打心里悦服的。小厮兴儿的背后议论是最无矫饰的民意:"平姑娘为人很好,虽然和奶奶一气,他倒背着奶奶常作些个好事。小的们凡有了不是,奶奶是容不过的,只求求他去就完了。"

看看平儿这秘书做得多么的不容易,但也正因为她能处处周旋,既帮着凤姐料理家事,又帮着贾琏隐瞒私情,能对下人体谅,才能在这复杂的关系中将大事化小。

紫鹃:最"贴心"的秘书

秘书要想更有效率地辅佐自己的上司，就要具备超强的识别能力，即俗话说的"眼力"。善于观察的秘书总是能够从同样的事物中看到别人看不到的东西，从而做好万全的准备。这样，当上司需要什么东西的时候，她便能够立刻将这样东西交到上司手中，这便是所谓的"眼力"。这种敏锐的职业嗅觉，是从观察力开始的。

而《红楼梦》中，最有"眼力"、最有"心力"的秘书要属紫鹃。

1. 聪慧敏锐,善于观察

紫鹃是《红楼梦》十二钗副钗之一，黛玉房中的大丫头。紫鹃原是贾母的二等小丫头，叫鹦哥，因黛玉初入贾府只带了两个佣人，贾母怕照顾不周，因此将自己的丫头给黛玉使唤。紫鹃虽为四大丫头之一，但出场远没有鸳鸯、平儿及袭人频繁，却兼具了"袭人的柔顺，晴雯的聪慧，鸳鸯的忠心，平儿的厚道"。对于寄人篱下的黛玉而言，紫鹃不仅是朝夕相处的佣人，更是闺蜜般的重要存在。

黛玉爱使小性儿，每每与宝玉怄气，紫鹃总是婉言相劝，她不是一味地袒护黛玉，而是从朋友的角度出发，真切地劝慰黛玉，呵护黛玉，不纵容、不奉承。

最重要的是，紫鹃知道黛玉的心思。紫鹃知道黛玉是女儿家，不能明说，于是就想办法试探宝玉。第五十七回"慧紫鹃情辞试忙玉"把紫鹃的聪慧敏锐写到极致，且看她是如何来试玉的：

紫鹃先是轻轻一点，"姑娘常常吩咐我们，不叫和你说笑。你近来瞧他远着你还恐远不及呢。"及至得知宝玉为她的话发呆哭泣，便又说出黛玉要回苏州的话来，引得宝玉痴狂发作，惊动了合府上下，几乎闯下大祸。待事情平息后，书上虽说："紫鹃自那日也着实后悔"，实则一点后悔的迹象也没有。不仅如此，她又进一步试探："果真的你不依？只怕是口里的话。你如今也大了，连亲也定下了，过二三年再娶了亲，你眼里还有谁了？"直到宝玉咬牙切齿地说出："我只愿这会子立刻我死了，把心迸出来你们瞧见了……"得到想要的答案，她这才说道："这原是我心里着急，故来试你。"一句话，把所有的责任都揽到自己身上，不使黛玉落半点嫌疑。紫鹃一心帮着黛玉，宁愿自己被责怪，难怪黛玉待她如姊妹。

宝玉是贾母的心头肉，他的健康牵动着贾府每一个人的心，紫鹃哪有不知道的？她如此试探宝玉，倘若宝玉有个三长两短，紫鹃的命运如何是可以预见的。可是紫鹃明知如此，还是冒大不韪，对宝玉一试再试，逼着他在众人面前表明心迹，宝玉这一病无异于公开发表了一份爱情宣言。紫鹃这样做，皆是为了林黛玉，她知道林黛玉素日的眼泪、素日的多心都是因为心里装着宝玉，可是自己父母双亡，连个能做主的人都没有，只能每日黯然伤感，默默垂泪。紫鹃试出宝玉的真心，是为了给黛玉一颗定心丸，让她不要再为了这件事情烦心。

最让人感动的是自怡红院陪伴宝玉归来后，紫鹃与黛玉的一席谈话："……我倒是一片真心为姑娘。替你愁了这几年了，无父母无兄弟，谁是知疼着热的人？趁早儿老太太还明白硬朗的时节，作定了大事要紧。俗语说'老健春寒秋后热'，倘或老太太一时有个好歹，那时虽也完事，只怕耽误了时光，还不得趁心如意呢。公子王孙虽多，哪一个不是三房五妾，今儿朝东，明儿朝西？要一个天仙来，也不过三夜五夕，也丢在脖子后头了，甚至于为妾为丫头反目成仇的。若娘家有人有势的还好些，若是姑娘这样的人，有老太太一日还好一日，若没了老太太，也只是凭人去欺负了。所以说,拿主意要紧。姑娘是个明白人,岂不闻俗语说:'万两黄金容易得,知心一个也难求'。"

TIPS：如何成为领导离不开的好秘书

作为刚刚入职的小秘书,你要从小事做起,多观察,多留心,快速成长,终有一天,老板会意识到你的重要性。

作为秘书,你要留心观察,循序渐进。要了解上司和上司的工作,只能循序渐进,慢慢地、细心地去观察和了解上司。

例如,他每天见了哪些人,打了哪些电话,批了哪些文件;他在约见客人时,先后顺序的安排,谈话时间的长短,说话的口气,关注的问题等。

通过这种日常观察,秘书可以逐步了解上司,知道他内心在想些什么,例如,他目前最关心哪些问题,哪些问题最让他头痛,他有哪些项目急于实现,他正在筹划什么项目或行动。

如果秘书能真正了解上司在想些什么,那么他也就基本把握了自己的工作重点:在上司想要材料的时候,你已经准备好了;在他想要见什么人的时候,你已经把对方的电话号码找出来了;在他想要杯咖啡的时候,你已经把咖啡冲好了……这样,即使上司的指示是含糊的甚至只是一个手势或一个眼神,你也能猜得八九不离十。如果秘书与上司能在工作中配合默契,就能让自己与上司的工作相得益彰。

2. 紫鹃对黛玉的闺蜜支持

人们通常习惯于将宝、黛当作大观园内的知己者,因为两人在精神生活上高度一致,又都有着不容于世的个性、怀着对仕途经济之道的深重厌恶,而向往着单纯美好的世界,因而心灵共鸣引为知己。但事实上,黛玉的知己不仅仅只有一个宝玉,还有她身边如影随形的紫鹃。季新在《古典文学研究资料汇编》中赞道:"紫鹃一生心神注于黛玉,惟其于中有耿耿着存,故一语一默一动一止,其精专真挚之意,宛然如见。其为人也,舍为黛玉打算之外无思想,舍遂黛玉爱情之外无志愿。"如果说,痴袭人的眼中只得一个宝玉,那么紫鹃的心里也只有一个黛玉而已。甚至于,紫鹃对于黛玉之心比宝玉更深重,涉及到了黛玉的方方面面,乃至灵魂至深处。

紫鹃首先关心的是黛玉的身体健康。读过《红楼楼》的都知道,黛玉有不足之症,是个药罐子,"从会吃饭时便吃药",紫鹃自然特别留心黛玉的健康。

《红楼梦》第八回,宝玉与黛玉在薛姨妈处喝茶吃果子,可巧黛玉的丫环雪雁走来给黛玉送小手炉,黛玉因含笑问她说:"谁叫你送来的?难为他费心。那里就冷死了我!"雪雁道:"紫鹃姐姐怕姑娘冷,使我送来的。"需知雪雁是黛玉从自家带来的,而紫鹃才与黛玉相处不久,可见紫鹃对黛玉比雪雁更上心,更关注体贴黛玉。

《红楼梦》第六十四回,黛玉在潇湘馆祭奠自己的父母,宝玉见黛玉病体恹恹,劝她凡事宽解,黛玉心有所感,本来素昔爱哭,此时亦不免无言对泣。紫鹃端茶过来,以为两人发生了口角,就说道:"姑娘身上才好些,宝二爷又来怄气了。到底是怎么样?"从紫鹃的口气看,她是恼怒宝玉的,宝二爷可是贾府人人宠着的混世魔王,何曾被人口气不善地数落过,也就紫鹃护黛玉心切,敢如此直言质问。

《红楼梦》第七十六回,黛玉与湘云、妙玉一起去栊翠庵联诗,紫鹃担忧,与雪雁一路询问过去,一个园子走遍了,一番好找,才总算找到了黛玉,放了心。紫鹃不仅关心黛玉,也希冀黛玉的病能好起来。第七十回,众人提议放风筝,带走晦气,让病快好起来,黛玉舍不得放走风筝,紫鹃便自告奋勇地铰断了黛玉手中的风筝线,笑道:"这一去把病根儿可都带了去了。"可见紫鹃真的是打心底里期盼黛玉健康。

其次，紫鹃也非常担忧黛玉的思乡之情。黛玉性情高傲，但是不得不寄人篱下，这让她不得快活，变得多愁善感。

《红楼梦》第二十七回，紫鹃常见黛玉无事闷坐，不是愁眉，便是长叹，好端端泪流不止。紫鹃怕她思父母，想家乡，受委屈，便用话来宽慰，谁知道黛玉一如既往，紫鹃也只能由她而去了。《红楼梦》第三十五回，黛玉见到宝钗母女的亲密样，想起有父母的好处来，又泪珠满面，紫鹃见了，就从后面提醒黛玉该吃药了，以此来分散黛玉的注意力，化解她的伤心。《红楼梦》第六十七回，黛玉看见她家乡之物，触物伤情，想起自己父母双亡而寄居亲戚家中，不觉又伤起心来了。紫鹃深知黛玉心肠，也不敢说破，只在一旁劝道："……今儿宝姑娘送来的这些东西，可见宝姑娘素日看得姑娘很重，姑娘看着该喜欢才是，为什么反倒伤起心来……再者这里老太太们为姑娘的病体，千方百计请好大夫配药诊治，也为是姑娘的病好。这如今才好些，又这样哭哭啼啼，岂不是自己遭踏了自己身子，叫老太太看着添了愁烦了么?况且姑娘这病，原是素日忧虑过度，伤了血气。姑娘的千金贵体，也别自己看轻了。"见宝玉来了，她更是连忙请宝玉进来宽解黛玉的思乡之情。

再次，紫鹃也十分焦虑宝黛爱情的未来。宝黛之间的朦胧感情，贾母看得明白，直言两人是小冤家，折腾不休，身为黛玉贴身丫头的紫鹃自然也是知道黛玉的心思的，因而替黛玉着急。

《红楼梦》第五十七回，紫鹃为了试探宝玉对黛玉的感情，故意和宝玉说，林家人要接黛玉回苏州去，让宝玉将黛玉之前送的东西打点好要回来。宝玉听了，便如头顶上响了一个焦雷一般，之后更是发起痴来，紫鹃挨了贾母王夫人的痛骂，先安抚了宝玉。宝玉得知真相后，紫鹃终是得了宝玉"活着，咱们一处活着;不活着，咱们一处化灰、化烟"的承诺。紫鹃也劝解黛玉，趁老太太还在，作定了大事要紧，免得怜新弃旧让人欺负去了。当薛姨妈开黛玉玩笑，要给宝黛说媒的时候，紫鹃急得忙跑来笑道:"姨太太既有这主意,为什么不和老太太说去?"紫鹃对于黛玉未来的焦急可想而知。《红楼梦》第七十回,紫鹃替黛玉传递给宝玉写的抄书,算是送了黛玉一片难以言表的心,喜的宝玉给紫鹃作了一个揖。

如果前面三件事都是紫鹃身为丫头对黛玉的关心,那么紫鹃敢于直言黛玉之过,可谓是丫头里绝无仅有的。读过《红楼梦》的都知道,黛玉娇气孤傲,没人敢说她什么,更不用说直言批评了,但紫鹃敢,能说的黛玉没了脾气。

《红楼梦》第二十九回,宝、黛闹别扭了,紫鹃道:"虽然生气,姑娘到底也该保重着些。才吃了药好些,这会子因和宝二爷拌嘴,又吐出来。倘或犯了病,宝二爷怎么过的去呢?"这话既体贴了宝玉,又点出宝玉的爱惜之心,让心系宝玉的黛玉有了莫大的安慰,可谓是一举两得。第三十回,林黛玉与宝玉角口后,也后悔,但又无去就他之理,紫鹃度其意,乃劝道:"若论前日之事,竟是姑娘太浮躁了些。别人不知宝玉那脾气,难道咱们也不知道的。为那玉也不是闹了一遭两遭了。"黛玉啐道:"你倒来替人派我的不是。我怎么浮躁了?"紫鹃笑道:"好好的,为什么又剪了那穗子?岂不是宝玉只有三分不是,姑娘倒有七分不是。我看他素日在姑娘身上就好,皆因姑娘小性儿,常要歪派他,才这么样。"紫鹃这话,既说出黛玉为宝玉的知己,宽了黛玉的心,又指出黛玉的不足之处,有理有据,而黛玉本来就后悔闹小性子,被紫鹃这么一说,更是无言以对。但宝玉来了,她还是嘴硬地不肯开门,紫鹃竹笑道:"姑娘又不是了。这么热天毒日头地下,晒坏了他如何使得呢!"这句话说得让心系宝玉的黛玉于心不忍,只能默认紫鹃的做法,让宝玉进来,终于两人冰释前嫌。

总之,紫鹃对黛玉真是用心良苦,尽其所能,主婢俩可谓"黛玉还泪,紫鹃啼血"。人说晴雯为黛玉之影,有着黛玉般的清高皎洁、聪慧灵敏,但紫鹃更承载了黛玉的孤寂和伤痛。陈启泰有言:"紫鹃明知黛玉孤立无助,而宝钗色色占便宜,处处讨喜欢……故嘱黛玉心里留神……降心谐俗,结欢凤姐、王夫人,以冀凤姐、王夫人仰体老太太之意,为之成就大事儿。紫鹃之心，亦良苦矣。"可惜的是，紫鹃本是丫头命，"一片热肠，为知己愁，不能为知己助"，"新交情重，不忍效袭人之生；故主深恩，不敢作鸳鸯之死"，因而她最终选择的是出家修行，或许因看破俗世，或许是为黛玉祈福积德，终是对黛玉仁至义尽。

紫鹃的闺蜜支持对黛玉健康的作用

《<红楼梦>艺术世界》有言："在大观园的丫头群里紫鹃是迥异于别人的，她仿佛始终把自己锁闭在潇湘馆里，替黛玉照顾翠竹和鹦鹉，她的性格孤洁而娴静，即使贾母和宝玉的屋里也很少见到她的踪迹。"紫鹃把她的一生献给了潇湘馆和黛玉，连她自己也说："我并不是林家的人，我也和袭人、鸳鸯是一伙的。偏把我给了林姑娘使，偏偏他又和我极好，比他苏州带来的还好十倍，一时一刻，我们两个离不开。"紫鹃虽为黛玉的丫环，实则是黛玉平生难得的知己，知黛玉之冷暖，晓黛玉之心事，有友如此，也是林妹妹此生中的一大幸事。

友情贯穿了人的一生，心理学研究表明，友情可以给人们带来良好的情绪及情感体验，如彼此的信任、情感的依赖、内心世界的分享、相互的关照等等，也可给人们带来负面的体验，如朋友的疏离甚至背叛。心理学家赛尔门指出，人从幼年到成年，对友情的看法经历了从短暂性、活动取向的交往到自主而又相互依存的转变，其中朋友间的亲密关系、嫉妒、信任、冲突解决及友情中止等对人的人格成长起重要推动作用。此外，友情还是一个人社会支援系统的支撑，给人以自信和安全感。缺乏友谊的人很容易产生情绪抑郁。

贾府虽是黛玉亲外婆家，却是侯门似海，规矩颇多，黛玉"步步留心，时时在意"，为的是"不多说一句话，不多行一步路，恐被人耻笑了去"，可以说，黛玉初到贾府很是焦虑不安的。而紫鹃的到来，给了黛玉融入贾府的精神依托，为她化解了许多原来不必有的焦虑和不安全感。

紫鹃为人细腻，待人忠诚，多次为黛玉仗义直言，令黛玉备受感动。《红楼梦》第八回，雪雁帮紫鹃给黛玉送小手炉儿，黛玉还打趣雪雁："也亏了你倒听他的话!我平日和你说的,全当耳旁风,怎么他说了你就依,比圣旨还快些!"可见她们主仆之间关系融洽自然,黛玉在自己的小天地中生活得很快乐。《红楼梦》五十七回,紫鹃对自己的未来有些忧虑,她对宝玉坦言:"我如今心里却愁他倘或要去了,我必要跟了他去的。我是合家在这里,我若不去,辜负了我们素日的情常;若去,又弃了本家。"可见黛玉对紫鹃而言也是异常重要的存在,甚至与本家不相上下,可谓是姐妹情深,因而黛玉与紫鹃是相互依赖的存在,紫鹃对黛玉的依赖和不舍能够很好的满足黛玉的被需求感,减少黛玉的孤独和寂寞。

除了提供安全感,友情还给人以自我价值感和被需要感。美国著名心理学家格拉泽曾言,"爱与被爱,是人们两种最基本的心理需求"。因此,人都有被他人认可及肯定的需求。黛玉寄人篱下而生自卑,她比那些出自健全家庭的人更期待他人的认可和关怀,这也是她经常与宝玉闹小别扭的根源。紫鹃对黛玉忠心耿耿,不离不弃,使黛玉肯定了自我的价值,获得了被需求感的满足。

《红楼梦》第七十九回,宝玉将诗改成"茜纱窗下,小姐多情;黄土垄中,丫鬟薄命",黛玉笑道:"他又不是我的丫头,何用作此话。况且'小姐''丫鬟',亦不典雅。等我的紫鹃死了,我再如此说,还不算迟。"黛玉话虽如此,内心其实是非常舍不得紫鹃的,这话也能看出她对于紫鹃不是自家丫头之事的可惜。

最后,友谊还是矛盾缓冲的润滑剂。友谊的一大作用是在发生冲突时,起到提点的作用。紫鹃在宝、黛关系中就扮演了这样一个角色。如贾母所言,宝、黛两个是"小冤家",时常闹别扭,别扭起来就一副老死不相往来的样子。在心理学中,适当的冲突可以强化彼此的沟通,但当人们在情绪激烈而固守己见时,友谊可以起到缓解冲突、冷静头脑的作用。

《红楼梦》第二十六回,宝玉笑道:"紫鹃,把你们的好茶倒碗我吃。"紫鹃道:"那里有好的呢?要好的只是等袭人来。"黛玉道:"别理他。你先给我舀水去罢。"紫鹃笑道:"他是客,自然先倒了茶来再舀水去。"说着,倒茶去了。紫鹃的这番恰在礼仪的言行，化解了黛玉闹别扭的尴尬，也给宝玉留了面子，解了两人的小矛盾，可谓是调节高手。

《红楼梦》第六十七回，黛玉思乡之情深切而紫鹃劝解无效时，恰逢宝玉过来，宝玉见黛玉泪痕满面，便问："妹妹，又是谁气着你了？"黛玉勉强笑道："谁生什么气。"旁边紫鹃将嘴向床后桌上一努。宝玉会意，往那里一瞧，见堆着许多东西，就知道是宝钗送来的，便取笑说道："那里这些东西？不是妹妹要开杂货铺啊？"黛玉也不答言。紫鹃笑着道："二爷还提东西呢。因宝姑娘送了些东西来，姑娘一看，就伤起心来了。我正在这里劝解，恰好二爷来的很巧，替我们劝劝。"黛玉耍性子不肯说，紫鹃就替她说，撮合了宝、黛之间的关系，使得两人更心灵相通。

诸联有言："园中诸女，皆有如花之貌。即以花为论，黛玉如兰，紫鹃如腊梅。"兰花淡雅脱俗，腊梅铮铮铁骨，都是超尘出世之类，可谓相得益彰。紫鹃身份低，于黛玉，比那些姊妹更容易亲近，也不必心怀耿介和羡慕，而紫鹃的"大气节"、"一片热肠"、"终身不事二主"，对寄人篱下的黛玉而言更是难能可贵，这份超越主仆身份界限的友情，成了黛玉在贾府有力的精神支柱。

情感小贴士：

如何面对友谊中的矛盾与冲突？

美国著名文学家爱默生说过："友谊是人生的调味品，也是人生的止痛药。"友谊跨越了岁月与国界，至今很多友谊故事为人津津乐道。古有伯牙、子期高山流水谱知音，后有马克思与恩格斯的革命情谊。一段真正的友谊是需要经过磨砺和洗涤的，经受住考验的友谊才能焕发出最耀眼的光辉。真正的友谊是神圣而可敬的，但培养出友谊之花的不是神，却是人。当观念相左之时，当异议突显之际，如何面对友谊中的矛盾,如何化解冲突,才能使得友谊真正万古长存呢?

1.多沟通,少回避

有些朋友在发生矛盾时容易选择冷战,一来默默坚持自己的立场和观点,二来避免关系的恶化。然而,这毕竟是消极的方式,不能达到解决问题的目的。而只有积极有效的沟通,才能从本质上化解矛盾冲突。有了沟通,人才可以将自己的想法和情绪抒发,使矛盾的焦点明朗化,最终使矛盾得以解决。

2.多主动,少被动

人在矛盾中更倾向站在自己的立场,根本听不进别人意见。矛盾是不可避免的,纵然是朋友,因成长环境和经历的不同,彼此的性格和观念会有所区别。作为朋友,就是要在矛盾中求同存异。是不是对方犯错时只能等着对方来道歉,不然老死不相往来? 朋友间不光需要理解,更需要包容,不妨主动出击,掌握化解矛盾的主动权,显示自己的涵养。如此但凡有自知之明之人都会自觉惭愧,不然只能说你是交友不慎。

3.多自省,少抱怨

人在情绪不稳定的时候往往会过度关注"我"的得失与悲喜,而淡化他人的感觉。但是在朋友间的矛盾和冲突中,你就毫无过错么? 自己说的每一句话做的每一件事都恰当得体? 显然,绝大多数人都不可能那么完美无缺。那么在怨恨对方不理解不配合自己的同时,你是不是需要反省自己的言行呢? 古人的一日三省同样适合友谊的维持。马克思说过,真诚的、理智的友谊是人生的无价之宝,那么,适时的反省和感恩无疑会为之锦上添花。

延伸阅读：

红楼职场女上司

有统计说，在全球企业家中，女性所占比例已从20世纪80年代的不到10%，上升到当前的20%。在中国企业经理层中，女性比例已达到42.1%。

了解女上司，可以避免措手不及的遭遇战。职场女上司的各种类型，你基本上可以在《红楼梦》中找到。

业务型女上司

代表人物林黛玉

黛玉专长突出，本人是业务人才，长于培养下属，她教香菱学诗，既尽心，也对路。黛玉的全局观也不差，她"虽不管事"，却深知"出的多进的少，如今若不省俭，必致后手不接"。

黛玉不是真的情商低，问题是，她是个感性的人，对人对事的反应，比较情绪化，纵情任性，不太照顾周边关系。

女上司感情用事的一面，在黛玉身上有相当集中的体现。作为上司，她的好和不好，都在这一点上。

力量型女上司

代表人物王熙凤、贾探春、夏金桂

王熙凤、贾探春和夏金桂虽然良莠有别，但都是组织中的铁腕人物，"按我的方式去做"是她们的不二法门。

王熙凤的强硬不必细述，总之一句话"我说要行便行"，因果报应、地狱阎王一概不惧。贾探春小姑娘当家，雷厉风行，改革旧制，谁的面子都不给，人称"镇山太岁"，带刺玫瑰。夏金桂太想控制一切了，一味整治、利用,对谁也不让步,对谁都不手软,四面树敌,搅得鸡犬不宁。

这种霸道和专权,在一定时间和范围内是管用的。不过,这种作风的领导,一旦失势,下场会比谁都凄凉。因为她的人脉存折里,没有一点真情。

和平型女上司
代表人物:王夫人、尤氏、李纨、贾迎春

她们看上去性格随和、平静,不喜欢冲突,会让你有时候忘记她是领导,这是非常危险的。

《红楼梦》里,被用"木头"形容过的,一是贾母说王夫人"木头似的",一是贾迎春的绰号"二木头"。和平型的人,常常隐忍,隐忍的结果,可能是懦弱,也可能是分外固执。

王夫人在贾府上下的人缘、口碑都好,但这么一个平日看似万事不理的和平型领导,爆发起来,连老太太的面子都不给。她一急眼,先死一个金钏儿,后死一个晴雯。

亲善,富有女性魅力,貌似绕指柔,实则百炼钢,是她们真的根性。

全能型女上司
代表人物:贾母、薛宝钗

她们崇尚美感和才智,女性的智慧和温婉在她们身上水乳交融。她们思维缜密,有条不紊,很少一时冲动。她们体察入微,善解人意,内心深处,对人、对事不免有一种俯瞰的心态。

第六章

贾母：最幸福的女企业家

　　贾母是《红楼梦》里的"老祖宗"，也是贾府企业的最高领导者。在众人的眼里，她慈眉善目，甚少为公司的事情操心，经常组织大家看看戏，赏赏花，但贾家这个家族企业却在她的管理下井井有条。

　　一个董事长如果当到贾母的地步，才叫出神入化——虽然她什么都不管了，但又好像什么都能管。她看似什么都不做，每天不是玩就是乐，其实知人善用，很好地平衡着工作和生活。

　　曾有人给了她三句话的评价，说她是最快乐的老太太，最幸福的女人，最成功的企业家。

无为而治，快乐幸福做企业

在《红楼梦》中，贾母出场不是玩就是乐，跟大家在一起乐呵呵的，没见她具体要去做什么事，而这正是她的成功。

老子的《道德经》里有一段话，最适合贾母："太上，不知有之；其次，亲而誉之；其次，畏之；其次，侮之……功成事遂，百姓皆谓'我自然'。"这就是所谓的四重境界，翻译成今天的职场定律就是："最好的董事长是他当董事长时没人知道他是谁。比较好的董事长，是他当董事长，大家愿意跟他在一起，天天簇拥着他。第三类的董事长当得就不怎么样了，大家都躲着他，怕他。第四类董事长就很差了，他当董事长，大家到处骂他。"

做最高明的领导，让部下感觉不到你的存在，无论你是在企业还是不在企业，员工都能积极、主动、自发地工作，就是管理的最高境界，管理一家企业，达到"太上，不知有之"的"虚无"境界，不仅是企业领导者孜孜以求的，更是企业员工所渴望的。

1. 最轻松、最懂得享受的董事长

历史上的无为而治，以汉初的黄老之术最为有名，萧规曹随，最终造就了文景之治。贾母的无为而治，让她成了最轻松、最懂得享受的董事长。

所谓无为而治，实际上是决策层要有意弛缓组织行为的张力。在层次上，这种无为而治肯定是上层无为而下层有为。这一关系是不可颠倒的。一旦下层无为而上层有为，组织就进入了某种病态。

北宋的王安石变法，失败原因有很多，但有一点不能忽视，就是变法的着眼点是增加国库收益，老百姓得不到多少实惠。结果"剃头挑子一头热"，执行中的阻力过大，扭曲过多，葬送了变法。

上下都有为，雄心勃勃要干一番大事业，有可能短期收到显著成效，但老百姓就受不了。商鞅变法的成功，就是因为上下一心为凝结成了巨大的力量。而秦王朝的快速覆灭，恰恰是这种全面有为耗尽了民力。西汉的无为而治，正是接受了秦朝的教训而出现的。

对于当代的企业，弄清无为而治的含义具有现实意义。

首先，积极性必须来自于下层。如果下层没有积极性，处于无为状态，而上层火急火燎地要干事业，多半要撞上南墙。

其次，不能上下全部有为，如果上下"一心"有为，没有刹车和缓冲，那就有可能冲出轨道。

最后，一旦整个组织上下都信奉无为而治，那么，组织的生命力就会消失。

贾母身为四大家族之一的史家名门闺秀，虽不一定饱读史书，但自幼耳濡目染，对治理家族公司有了自己的认识。贾母在文中曾自称自己年轻时比凤姐"还来得呢"，可想，她年轻时管理家政很有才干。

她对刘姥姥称："我不过是能吃口子就吃，能乐会了就乐的一个老废物罢了。"这样的话足见出其成竹在胸的底气与久经沙场的气魄。

作为顶层的领导，她所发挥的作用首先是震慑下层，平日里几乎不管事，但下面人都知道她的威严。这便是现代企业家所追求的境界，即不怒而威、不令而行。待自己年岁大了，新的领导人培养成了，她大胆提拔新人，不把权力紧紧抓在手里，授权给家族企业更年轻的领导人。她看准王熙凤的能干泼辣，将大权交给她，让其成为公司的执行CEO。自己则在幕后，把握公司的大方向。

要达到无为而治的局面不是一蹴而就的，它要经过两个层次才能真正的做到。

第一层次是有所为。

任何的组织在建立初期都要有所为。有所为的主要表现形式是制度,一个没有制度或制度不能够严格执行的组织,连管理都说不上,哪里还有无为而治,所以有所为是无为而治的基础。

贾母看着整日享受生活,但贾府的组织架构是她一手搭建的,人事是她一手任命的。她现在的无为是在她已经有所为之后才大胆实施的。

第二个层次是有所为、有所不为。

作为管理者有的事情是要做的,有的事情是不要做的。如果什么事情都掌握在你的手里,是很难把管理做好的,西汉开国功臣曹参就深知这一点。

公元前209年,曹参跟随刘邦在沛县起兵反秦,身经百战,屡建战功。刘邦称帝后,对有功之臣,论功行赏,曹参功居第二,封为平阳侯,仅次于萧何。因曹参德高望重,刘邦请他去任齐王(刘邦的长子)的相国,由他来辅佐齐王治理齐国。曹参到齐国担任相国时,齐国是一个拥有七十座城市的大封国。当时刘邦刚刚夺得天下,建立了汉朝,但是经过秦末战乱以及四年的"楚汉战争",社会经济破败凋敝,简直就是一个烂摊子。对于这样的局面,曹参召集当地的能吏来想办法,大家提出了很多办法但都无从下手。正当曹参发愁的时候有人说,胶西的盖公有治国的才能,曹参便亲自去拜访。盖公对曹参说:"只要上面的官府清静,不生事,不扰民,那么下面的老百姓生活自然就安定了。百姓安定后,社会经济就能随之得到恢复和发展,国家也就能治理好了。"曹参听了他的话得到了很大的启发,他制定了简单可行的政策:不准官员去打扰百姓,严惩做坏事祸害百姓的官员,起用一批老成持重又爱护民力的官员。之后原来动荡不安的社会日趋稳定,百姓过上了比较安稳的太平日子。

汉惠帝二年(公元前193年),西汉丞相萧何年老病危,惠帝亲自去探视。惠帝估计萧丞相的病好不了了,就问萧何,将来谁可以代替他的丞相职位。萧何推荐曹参。曹参到朝廷担任汉丞相后,依然遵照治理齐国时的清静无为的方针治国,要求丞相府的官员对萧何所制定的政策法令,全部照章执行,不得随意改动;对萧何时所任用的官员,一个也不加以变动,原有官员各司其职。曹参对他们职权范围内该处理的事情,从不加以干预。因此在朝廷丞相变动的关键时刻,没有引起任何波动,朝中君臣和原来一样相安无事,朝政井然有序。

曹参就是因为有些事情有所为,有些事情有所不为而取得了非凡的成就。清朝的乾隆皇帝对此有深刻的体会,有一次太子向他请教如何治国,他说:"不聋不瞎不配当家,有的事情要一抓到底,有的事情要放手让别人去做。"

在现代管理中有所为、有所不为的管理方式也越来越被重视,如今管理者的大部分工作不是去控制员工而是去帮助员工,不是去做监工而是去做推手。

哈佛大学教授、全球领导力与变革大师约翰·科特说:"在变革时代,企业不论大小都应该既有管理又有领导,成功的关键是75%~80%靠领导,其余20%~25%靠管理,不能倒过来。"

管理就是有所为,领导就是有所不为。企业要通过有所为、有所不为,慢慢地靠近无为而治的态势,虽然它很难达到,但它是我们奋斗的日标。现在很多企业给优秀员工股份就是想让员工自动自发的做好工作,推广企业文化价值观也是同样的道理。

2. 无为而治的基础——贾母的用人之道

对于职场的法则有一个很有意思的说法:一个人当了董事长,他是能做一道一加一小于一的算术题,还是能做一道一加一大于二的算术题? 前面这个一是指的董事长本人,后面那个一是指的他手下,相当于他的领导班子。一个董事长率领一个领导班子所产生的组合效应，是小于一还是大于二，是对这个董事长的一个考验。

无为不是不为，而是上不为下为。选择合适的领导班子，才是董事长要做的最重要的事情。这一点，贾母有她的选择。

按理说，第一个候选人是她大儿子贾赦的太太邢夫人。《红楼梦》里描述她是贾赦之续弦。禀性愚弱，只知奉承贾赦，家中一应大小事务，俱由贾赦摆布。出入银钱，一经她手，便克扣异常，娄取财货。儿女奴仆，一人不靠，一言不听，故甚不得人心。如果她当总经理，肯定不能号令全军。贾母首先将她从候选名单中剔除。另一个候选人是次子贾政的夫人——王夫人。王夫人乃京营节度使王子腾之妹，四大家族之一，出身比邢夫人高贵。她还有一女二子，大女儿元春贵为皇上的妃子，次子宝玉深得贾母疼爱。她在贾府的地位稳固，可以说是绝对的实权派，总经理的位置自然非她莫属了。但是王夫人自从自己的长子贾珠英年早逝后就诚心向佛，她为人也比较严肃，并不是贾母喜欢的机灵型领导。权衡再三，贾母将王夫人任命为贾府这个大家族名义上的执事人，但是事情都交给了孙媳妇王熙凤。王熙凤是长子贾赦的儿媳妇，同时又是王夫人的侄女，这也算平衡两个大董事的权力，不会让两大董事为此人事安排闹出太大意见。这人员班子打好了，董事长的事情就基本上完成了一半。

打好了人员班子，帮助他们上路，是董事长真正可以做到无为而治的基础。

为了培养王熙凤这名"年轻干部"，贾母多次在各种场合提携她，树立她的威信。《红楼梦》第五十一回里，王熙凤提出天气转冷，不如在大观园里再设一个厨房，省得女孩子们到园子外面吃饭，灌一肚子冷风。贾母立即表示赞赏，向众人说："今儿我才说这话，素日我不说，一则怕逼了凤丫头的脸，二则众人不服。今日你们都在这里，都是经过妯娌姑嫂的，还有他这样想的到的没有？"

还有第七十一回"嫌隙人有心生嫌隙，鸳鸯女无意遇鸳鸯"中，贾母

"过生日"，王熙凤要惩治两个不晓事的老婆子。事情的起因是尤氏来给贾母庆生日，晚上事多，肚子饿了，想找点饭吃，尤氏的丫头让两个婆子通报一声。两个婆子吃了酒，道："扯你的臊！我们的事，传不传不与你相干……各家门，另家户，你有本事，排场你们那边人去。我们这边，你们还早些呢！"

王熙凤要惩治这两个老婆子，偏巧其中一个老婆子和邢夫人的手下有亲戚关系，邢夫人打出了贾母生日不宜处置下人的口实，要求王熙凤放人。

贾母知道后，并不因邢夫人打着自己的招牌而站到她那边，她道："这才是凤丫头知礼处，难道为我的生日由着奴才们把一族中的主子都得罪了也不管罢。这是太太素日没好气，不敢发作，所以今儿拿着这个作法子，明是当着众人给凤儿没脸罢了。"

除了这种郑重其事的表扬和支援，她更赞同王熙凤的一切提议，为她的所有笑话捧场，看似无心实则有力地托起了王熙凤这颗管理界"新星"。

其实不光是对凤姐，贾府中有才能的人，贾母基本上都会重用，比方说鸳鸯。在对鸳鸯的提携上，贾母体现了三个层次，第一个层次是善于识人，贾母在工作中发现，这是个金子，是个材料，所以在鸳鸯很小的时候，就带着她，培养她。第二个层次，是信人，鸳鸯不管怎么做工作，贾母永远是一句话，便叫鸳鸯吩咐夫了，也就是说，她随便怎么做，贾母永远支持她。最重要的是第三个层次，善于帮人。鸳鸯碰到的最为难的事，就是贾母的大儿子要抢婚，这个时候鸳鸯以她个人的力量是斗不过贾赦的，怎么办呢？贾母挺身而出，保护了她的手下。

在封建社会等级森严的情况下，这老太太为了一个所谓的下人，把自己的儿子、媳妇给骂一顿，也挺不寻常的，难怪鸳鸯感恩戴德，对老太太忠心耿耿。所以贾母作为一个董事长，她真正是一个人性高手。

不仅如此，贾母还细心地给大观园里的几位主要未来领导都配备了合适的秘书，她懂得，好的秘书是最好的左膀右臂，能很好地辅助各自的领导。袭人本是贾母之婢,贾母喜爱宝玉,恐宝玉之婢不中使,就将自己身边心地纯良的袭人安排给宝玉,以便更好地照顾宝玉的饮食起居。黛玉刚来到贾府,只带来了两个人,一个是自己的奶娘王嬷嬷,一个是十岁的小丫头,名唤雪雁。贾母见雪雁甚小,王嬷嬷又极老,料黛玉皆不遂心,将自己身边一个二等丫头名唤鹦哥的与了黛玉。其他丫环、嬷嬷等人员配置都和迎春等人一般。

贾母喜热闹,爱享受,要让百年贾府继续繁荣下去当然要注意后继人才的培养。

不但二十一世纪最贵的是人才,任何时代,任何公司最重要的都是人才。从孙媳妇熬到自己有了孙媳妇的贾母当然清楚,贾府目前最欠缺的是人才。

她是贾府的董事长,王夫人是贾府的总经理,自己喜欢的王熙凤只是一个代理副经理。谁都知道,王熙凤目前的职位是暂时的,因为贾母最喜欢的是宝玉,而贾宝玉的生母王夫人更是一心想着宝玉。贾宝玉的未来媳妇才是贾府以后真正的女主人。

王夫人虽为贾母的儿媳妇,贾宝玉的生母,但显然贾母并不喜欢她。贾母说她像块木头,显然是觉得王夫人缺少才情,而王夫人的管理手段也跟宽怀为上的贾母背道而驰。两个人的管理理念不同,自然矛盾也不少。

王夫人虽然一心向佛,可是她心并不善,甚至很恶,虚伪残酷。丫环金钏儿和宝玉说了一句玩笑话,就被她一个巴掌"打得半边脸火热",还被她撵了出去,致使金钏儿投井身亡。宝玉的丫环晴雯,只因生的美丽就被王夫人认为有勾引宝玉之嫌,在晴雯"病得四五日水米不曾沾牙"的情况下,硬把她"从炕上拉了下来",撵出大观园。王夫人向贾母回话时却说晴雯又懒又淘气,且得了女儿痨,才把送出大观园的。因为小小的绣春囊事件,她就指使抄检大观园,结果害死司棋、潘又安,逼走入画,赶走四儿,迁散芳官等十二个小戏子,"悲凉之雾,遍被华林",青年一代遭到了巨大的摧残,王夫人实是元凶!王夫人还非常主观武断。邢夫人把绣春囊交给她,她不调查,不研究,就一口咬定是凤姐的。

王夫人的管理理念贾母不认同,所以荣国府下一个管理者贾母是要仔细选择的。

自打黛玉进入贾府,宝、黛二人的情谊贾母就看在眼里。从关系远近看,黛玉是自己的外孙女,而黛玉的母亲贾敏是自己最喜欢的女儿。过去可没有近亲三代内不能结婚的法律。那时候讲究亲上加亲,宝、黛二人的相恋正是亲上加亲的喜事。从样貌看,《红楼梦》中描述:林黛玉"两弯似蹙非蹙罥烟眉,一双似泣非泣含露目","态生两靥之愁,娇袭一身之病","泪光点点,娇喘微微","闲静时如姣花照水,行动处似弱柳扶风","心较比干多一窍,病如西子胜三分"。这若放在现在那绝对也是女神般的人物了。

从出身看,林家四代为侯,到了林如海这一辈,虽然没了侯位,但林如海是科甲出身,"虽系世禄之家,却是书香之族"。这祖荫和功名系于如海一身,在那个时代便是强强联合。五等爵位中,贾府从宁、荣二公开始,到宝玉这一辈是第四代,公只比侯高一等,因此可以说林府不见得比贾府差到哪里。从家产看,虽然《红楼梦》中并未交代林家的财产去向,只说贾琏去办理了林如海的丧事,但林如海长期占据巡盐御史这个肥差,想来俸禄一定不少。林家又是四代侯位,祖上积攒下来的地产珠宝一定不少,关键是林家人丁不兴旺,到林如海这里是几代单传——这说明几代都没有分过家产,不像贾家那样人员众多,日常支出繁重。而林妹妹自幼饱读诗书,才华在院子里众姐妹中也是拔尖的。

说起来,林黛玉最大的竞争对手薛宝钗的这些条件也都不差,但贾母看好林黛玉最重要的一点是,她知道,贾宝玉心里喜欢的是林黛玉。要想贾府稳定,最重要的是贾宝玉和未来妻子的关系和睦。若是两人感情不睦,又何谈家庭和谐呢?

贾母明知道王夫人喜欢薛宝钗,更倾向于薛宝钗做儿媳妇,但面对所谓的金玉良缘,她顶住压力,不断给宝玉、黛玉制造机会。试想,若没有贾母的授意,怎可能让黛玉、宝玉有如此多亲近的机会,那个时候可是讲究男女授受不亲的封建时代。而贾母在言语里也一再透露出对两人情感的认可,称两人为冤家,连如孙猴般能猜透贾母心思的王熙凤也经常打趣林黛玉"既吃了我家的茶为何还不嫁给我家"。王熙凤能如此说,自然是深知贾母心思。

3. 树立贾府的企业文化,时刻维护公司品牌形象

企业领导者本人的素质是至关重要的管理基础。古人说"内圣而外王",企业领导者只有内心的精神力量非常强大,才可以统帅王者之师,行王者风范。如前面老子所言,"信不足焉,有不信焉。悠兮,其贵言"。领导者以自身的诚信赢得部下的信任和拥戴,部下就会乐于听命于你,即使不发号施令,员工也乐意追随你做事。也就是说,企业领导者要提升并善于运用"非权力性的影响力"。

管理的最高境界是无为而治,无为而治很大程度靠的是文化的渗透,当大家在企业需要的统一的文化准则下做事时,企业的运作将十分流畅。

贾母一直很注重自己个人形象,也非常注意贾府的企业文化。她深知,做一个好的领导人,不是整天去品评下属不应该做什么,而是用好的文化去影响大家,让大家知道应该做什么。

作为贾府的董事长,最重要的是维护整个家族的和谐,提升整个家族的生活质量。所以贾母对能提升下属欣赏水准、知书达理等关于品行问题的活动都给以支持。

有一次贾母到大观园去玩,别人跟她说:"我们戏班子那些小女孩,吹拉弹唱无所不能,给你演个节目。"贾母就说:"你不要在这儿表演,你呢,到远处的那个藕香榭。"

贾母是懂点美学的,因为美学里说,距离产生美。从她的这种品位、

追求上我们也可以看到，她是一个很懂得享受，知道自己身居高位之后，该去找点乐子的人。

不但如此，贾母还非常重视公司的品牌形象。刘姥姥到荣国府，跟贾母一起出去玩，但不好意思走在路的正当中，于是借口说自己是乡下人，走在边上。但是那天路滑，刘姥姥摔了个跟头。贾母的手下都是一片哄笑声，而贾母却说你们不要笑，你们去看一看，老太太扭了腰没有。到了关键时刻，她能把握这个企业的价值取向，企业的品牌。

所以，企业品牌绝不是冷冰冰的几个字，或者是一个标志，在品牌出现的时候，它应散发着人性的光辉，贾母在这个方面做得非常成功。

贾母有一次带着全家老老少少到宗庙里去祭祀，结果有个小道士，躲的速度可能不够快，凤姐上去就是一个嘴巴。这把她平时霸道的脾气打出来了。但是作为一个公司，出去这么横行霸道，会丧失人性关怀这种很重要的品牌形象。于是贾母赶紧出来维护："珍哥……小门子小户的孩子都是娇生惯养惯的，哪里见过这种势派，要是吓着他了，他老子娘岂不是心疼的慌……"

贾母通过她的努力，塑造了一个企业的正面形象，尤其是公众形象。但是像她这样，表面看起来很温和、很具有亲和力的领导，会不会纵容或者姑息企业内部的一些不良现象呢？当然不会。

贾府的下人到了晚上要消磨时间，就在打牌的过程中加上了赌博，这种事情贾母是严加管教的。有一次抓住的赌博者有三拨人，这三拨人背后，是贾府的各级部门经理，所以大家都来替这些人说话。但是贾母却说："你们不知道，这些奶子们，一个个仗着奶过哥儿姐儿……"

张瑞敏曾说："我经营海尔主要是无为而治。我只抓大事，企业的大事就是文化、组织和战略。"

张瑞敏的"无为"并不是什么都不为，而是按照企业的文化、制度让企业自然地运行。这就好比一台上了发条的钟表，你尽可以离开去做你的事情，它不会因为你的走开而停止。如果说张瑞敏有"权杖"的话，市场压力就是"权"，张瑞敏把这个压力分解到每一个部门、每一个人，让所有部门和人都按照市场压力去运转。

张瑞敏曾谈过无为和有为的关系，他认为无为就是企业的价值观，它是无形的，但非常重要，在这个无形价值观的指导下，可以产生有形的成果，也就是老子所说的"为无为则无不治"。他说："所谓'超级领导'，就是你的领导水平达到了能够让下属在没有领导的时候仍然正常工作。"

善于授权，让管理变得轻松

贾母能成为最轻松、最快活、最会享受生活的董事长，跟她懂得授权、善于授权是分不开的。

一个不愿授权、什么都干的管理者，什么都干不好。一个聪明的领导人，应该积极授权，借力成事，而一个真正懂得授权的管理者才是一个成功的人。

1. 学会授权，让自己从琐事中解放出来

学会授权是企业的领导者所必须具备的基本素质。因为你无力控制所有事情，也无法制定全部决策。当你试图控制所有的事情的时候，往往会做得既效率低下，又混乱不堪。因此，你最好能让自己的下属去执行，因为他们可能比你更加了解情况。试想，如果贾母不放心旁人，大权独揽，要为丫环骂架、小厮闯祸这样的小事情操心，哪有精力去把握贾府的大方向？

《圣经》中有一个故事，说当年摩西带领犹太人走出埃及时，拥有一支几十万人的庞大队伍。摩西为了保障族人的安全和号令的统一，不厌其烦，事必躬亲。从队伍的行进路线及日程安排到族人内部鸡毛蒜皮的争端都由他亲自决定和处理。摩西为此大受族人爱戴和尊敬，可是他自己却终因劳累过度而日渐消瘦，甚至一度觉得自己支持不下去了。他的岳父叶忒罗对此很是揪心，因而向摩西建议，部族内部的小争端及一些基本的组织动员与号令发布的工作，交由可靠而精干的族人去处理，摩西自己只对事关本族前途命运的重大事项亲自过问，从而减轻负担，提高工作效率和族人的凝聚力。

摩西接受了叶忒罗的建议，将犹太族几十万人的队伍按人口和姓氏划分成不同的分支，任命百夫长、千夫长分层次进行管理，自己则专注于处理有关行进路线、与外族的作战方针以及对上帝的祭祀等族内至关重要的大事。从此以后，整个队伍的指挥更灵活，号令传达更迅速。而摩西因为自己的负担大大减轻，从而能专心于理解领悟上帝的命令，主持祭祀及指挥战争。犹太人终于克服种种困难，冲破了敌人的围追堵截，到达了富饶的以色列。

《贞观政要》一书中曾经讲到这么一件事：贞观四年的一天，唐太宗问萧瑀：“你认为我跟隋文帝比起来，怎么样？”

萧瑀想了一会儿，坦然回答说：“隋文帝勤勉治国，批阅全国的书表奏章，往往从黎明直到日落西山。隋文帝召集大臣们进宫议事，常常忘记时间，到吃饭的时候还没有结束，就命令侍从把饭送上来，边吃边议事。”

唐太宗开怀大笑，爽朗地说：“公只知其一，不知其二，隋文帝总怕大臣对他不忠心，大权小权一人独揽，什么事都由他一个人做主，不肯交给下属去办。他虽很辛苦，事情不一定办得好。大臣们摸透了他这个脾气，都不敢直言，常常是顺着他的心思说话，口惠而实不至，我怎么敢像隋文帝那样？天下地方那么大，四海的人这么多，国事千头万绪，只有请部门去商量办事,遇到大事报告宰相认真考虑,有了妥当的办法,再报告我准奏,然后执行。天下各种事情,都由皇帝一个人来定,那怎么能行呢?如果皇帝一天处理十桩事,其中五桩事处理得尽善尽美,另外五桩处理得不好,一天出五条差错,日积月累,年复一年,谬误积起来,岂不是要毁坏国家吗?把事情交给有才能的人办,自己高瞻远瞩,专事考核官员的功过,于国于己不更好吗?"

很多管理者习惯了大包大揽的管理方式,我们不能说这样的领导无才,其实正是因为才能太多,以至其劳多却不得实质性的收效。这种管理者还认为只有自己对所有的事情很清楚,只有自己才能高效地处理问题。

在人们的眼里,三国时蜀国的宰相诸葛亮是智慧的化身,并且非常勤政,连他自己都说:"鞠躬尽瘁,死而后矣。"但是他有一个缺点,就是事必躬亲。蜀军上上下下,事无巨细,都由他亲自过问、领导、布置,军队的钱粮支出,他都要一一审查。蜀国的大小将领,也都机器般地听从他的调遣,可以说一切都在诸葛亮的掌握之中。

诸葛亮凡事亲力亲为,从不相信别人。比如对待李严。李严在刘备眼里,才能仅次于诸葛亮,刘备在临终时说:"严与诸葛亮并遗诏辅少主,以严为中都护,统内外军事,留镇永安。"

刘备目的很明确,让诸葛亮在成都辅刘禅主政务,让李严屯永安拒关并主军务。诸葛亮秉政后,本应充分发挥好李严等人的作用,然而他仍是事无巨细,都要经己过问,惹得李严不高兴,矛盾日渐加深。之后诸葛亮以第五次北伐为借口削了李严的兵权,调汉中做后勤工作。后来又因运粮事件,"废严为民,徙梓勤郡",自己亲自担任运粮官,结果导致五丈原对峙旷日持久,军心涣散。司马懿闻后断言:"亮将死矣。"果如其言,不久诸葛亮就被活活累死了。

在企业的实际工作中,许多管理者整天忙得焦头烂额,希望每件事情经过他的努力能圆满完成,这种事事求全的愿望虽然是好的,但常常收不到好的效果。

美国著名的杜邦公司的第三代继承人尤金·杜邦，是个典型的喜欢事必躬亲，大包大揽的人。

尤金·杜邦在掌管杜邦公司之后，坚持实行一种"凯撒式"的经验管理模式，"一根针穿到底"，对大权采取绝对控制，公司的所有主要决策和许多细微决策都要由他独自制定，所有支票都得由他亲自开；所有契约也都得由他签订；他亲自拆信复函，一个人决定利润分配，亲自周游全国，监督公司的好几百家经销商；在每次会议上，总是他发问，别人回答……

尤金的绝对式管理，使杜邦公司组织结构失去弹性，很难适应变化，在强大的竞争面前，公司连遭致命的打击，濒临倒闭的边缘。

与此同时，尤金本人也陷入了公司错综复杂的矛盾之中。1920年，尤金因体力透支去世。合伙者也均心力交瘁，两位副董事长和秘书兼财务长相继累死。

显然，最终将管理者击垮的不是那些看似灭顶之灾的挑战，而是一些微不足道的小事。追其根由，在于企业管理者不善于授权。这足以说明，合理授权对于管理者实现企业目标至关重要。

事必躬亲，最后积劳成疾，不幸早死的诸葛亮，一直以来都是管理者笑谈的对象。作为一个管理者，不能事必躬亲，要懂得有效授权才行，面对很多有才华的下属，为什么不授予他们权力，把事情交给他们来办理呢？这样，既有利于自己集中精力办大事，又能增强下属的责任感，充分发挥他们的积极性和创造性。一个企业领导如果不愿意授权或者不善于授权，他领导的企业一定是一个缺乏活力的企业。

"无权不揽，有事必废"。一个不愿授权、什么都干的管理者，什么都干不好。因此，领导力培训专家史蒂芬·柯维明确指出："作为管理者，别揽权在身。"

一个聪明的领导人，应该积极授权，借力成事。

学会把握授权的时机

一个有着远大理想的管理者，如果发现自己总是在重复地做着某些无关紧要的事情，或总是吃力地做一些自己不擅长的事情，而有关组织竞争力与发展状态的重大事项却总被耽误时，就应该认真考虑是否需要授权了。

制定清晰而又有所取舍的详细计划

授权作为一种管理方式，体现着管理者的管理、指挥与社交艺术，它需要管理者首先能较好地安排自己的工作，对工作有严密的计划，能较好地认识自己该做什么不该做什么，了解什么样的事情该授权他人完成，什么样的事情必须不辞辛苦地亲自去做。

具备敏锐的洞察力

即善于发现人才，善于了解下属的特长与能力，从而为需要授权之事找到合适的人选。

配合以良好的协调沟通能力

管理者必须能得到下属的信任，善于激励下属的工作热情，擅长协调各部门及各个人之间的利益，合理安排各种资源和信息，从而使下属能与自己配合好，有完成任务的激情与信心。这是一种处理人际关系的艺术，是管理者必须在实践中去揣摩的。

对于什么样的事情可以授权，要有充分的把握

应该将什么事情进行授权，对于肩负不同责任的管理者来说，有着不同的标准，但有一点值得所有管理者注意，那就是管理者的主要任务是制定计划、做出决策、沟通协调及领导与指导和过程控制。以这五项职能为重心，那些属于日常杂项的事情，如日常行政事务、生活后勤性事务以及一些简单的程序性事务可以安排他人执行；对于决定的执行和操作，一般都具有专业性和技术性，但这不是专职的管理者应该亲自去做的，哪怕自己懂得这种专业和技术，管理者也只应负责监督和检查，对执行过程中的疑问作出解释或决定。

管理者只有采用以上的做法，将日常性事务及操作性事务通过授权交由他人去做，而自己专心于思考与组织前途命运相关的战略、目标、

计划、策略等问题，专心于决策、沟通、协调、指导及选拔人才等事务，才能使组织内部分工合理、人尽其才、才尽其用。

2. 充分地授权，必要地监督

列宁有句名言："信任固然好，监控更重要。"授权管理的本质是监控和督查。如果只授权，不监督，后果就是四分五裂；如果不授权，只监督，局面则会是一潭死水。

不过贾母的授权并不是没有边界的，她有自己的原则，在不破坏原则的情况下，贾母可以容忍下属的一些错误。一旦有人犯了原则性错误，致使局势失控，她就会迅速采取补救措施，进行有效的指导和控制。

贾母该和善时和善，该严格时绝不留情。

《红楼梦》第七十三回，贾母认为园中存在不安定因素，主要是值夜班的老妈子聚众赌博，容易懈怠和引贼入室，必须严惩。她查出大头家三人，一个是林之孝家的两姨亲家，一个是园内厨房内柳家媳妇之妹，一个是迎春之乳母。贾母便命人将骰子牌一并烧毁，所有的钱入官分散与众人，将为首者每人四十大板，撵出，总不许再入，从者每人二十大板，革去三月月钱，拨入圊厕行内。又将林之孝家的申饬了一番。黛玉、宝钗、探春等人一起向贾母求情，这是一向最得宠的三个姑娘，但贾母却毫不容情地给驳了回去。

贾母道："你们不知。大约这些奶子们，一个个仗着奶过哥儿姐儿，原比别人有些体面，他们就生事，比别人更可恶，专管调唆主子护短偏向。我都是经过的。况且要拿一个作法，恰好果然就遇见了一个。你们别管，我自有道理。"宝钗等听说，只得罢了。

但贾母也有监督不力的地方，比如对王熙凤。贾母重宠王熙凤，授权过度，缺乏必要的监督和约束机制。王熙凤集控制权、监督权于一身，权力过于集中，又没有其他人对其进行监控。家族成员的收入全部归入账房，所需开支由账房划拨，但每家每户究竟有多少财产却并不清晰。因此大家都倾向于尽可能多地花钱，这样就造成了财产的严重浪费。

《韩非子》里有这样一个故事：鲁国有个人叫阳虎，他经常说："君主如果圣明，当臣子的就会尽心效忠，不敢有二心；君主若是昏庸，臣子就会敷衍应酬，甚至心怀鬼胎，但表面上虚与委蛇，然而暗中欺君而谋私利。"

阳虎这番话触怒了鲁王，因此被驱逐出境。他跑到齐国，齐王对他不感兴趣，他又逃到赵国，赵王十分赏识他的才能，拜他为相。

近臣向赵王劝谏说："听说阳虎私心颇重，怎能用这种人料理朝政？"

赵王答道："阳虎或许会寻机谋私，但我会小心监视，防止他这样做，只要我拥有不至于被臣子篡权的力量，他岂能得遂所愿？"

赵王在一定程度上控制着阳虎，终使赵国威震四方，称霸于诸侯。

海尔集团在1993年进行"权力分散化"，在原工厂制(直线职能制)基础上，推进事业部制：总部集中筹划集团发展目标，集团下属是事业部，已经形成规模效益且管理机制较完善的称为事业本部，未达到标准的称为事业发展部，对各事业部兼并的企业，集团有最终决策权。这样海尔集团与事业部之间，事业部与各分厂之间的责权利关系便相当明晰，初步呈现出分权化、扁平型的组织结构特征，适应了规模扩张和多元化经营的要求，调动了集团管理人员和职工的积极性。

实行"权力分散化"以后，各级干部的自主权随之增大。但少数干部个人主义迅速膨胀，把上级给的权力视为私有，并拒绝组织的监督和管理。他们抬出了"用人不疑、疑人不用"的理论根据，认为集团领导既然放了权，就不必过问用权的事了。

吸取许多企业的兴衰教训，海尔集团制定了三条规定：在位要受控，升迁靠竞争，届满要轮岗。这三条是1996年8月8日张瑞敏在集团中层干部会上提出的，中心意思是：干部应接受监控。

　　张瑞敏说："信任就可以不监督了吗？充分的授权必须与监督相结合。如果只授权，不监督，后果就是四分五裂；如果不授权，只监督，局面则会是一潭死水。"机构调整后，海尔明确地提出要确立监督机制，同时，特别强调两点原则：一是个人要自律，必须有非常严的自我约束；二是仅自正还不够，还要有控制体系。提出监督机制的原因在于，管理上有一个著名的定律——墨菲定律，即任何事情只要有向坏方向发展的可能，就一定会向那个方向发展。没有监督的放权是很危险的。

　　适当的授权和授权后适当的监督，都是非常有必要的。

　　一位不懂授权的领导者，不能说是一位合格的领导者；而一个授权后不再监督的领导者，是一名不负责任的领导者。作为领导者，凡事不必亲历亲为，给下属独立操作的机会，是首要的；而授权并不意味着放任下属随意枉为，监督过程要贯穿始终。

　　领导者在授权的同时，必须进行有效的指导和控制。美国一管理学家曾说：控制是授权管理的"维生素"。授权管理的本质就是控制。

　　有些管理者对授权有疑惑，误以为自己授权，就可对任何事都不闻不问。这是错误的观念。卓有成效的领导不仅要是一个授权的高手，更应该是一个控权的高手。否则，授权会失去意义，使公司遭受损失。

　　宏碁公司总裁施振荣从1984年4月任命刘英武为宏碁执行总裁开始，就让自己陷入了争吵和痛苦之中。刘英武是美国电脑界最有声望、职务最高的华人。施振荣将他招入公司后，没加思索就把公司所有的经营决策权交给了他。刘英武一上任，就采用高度集权的管理方式，放弃了公司长期实行的"快乐管理"，独断专行，不允许下属发表过多意见。他作了一系列失败的收购决策，导致公司遭受巨大损失，致使员工议论纷纷，人心浮动。施振荣无奈，只有重掌帅旗，整顿公司。

　　为什么声名赫赫的刘英武带给宏碁的却是灾难？施振荣怎样做才能避免出现这种尴尬的局面？

　　答案不言而喻，因为施振荣的授权是一种没有控制的授权。如果施振荣能在刘英武上任之前，对他的权力作出限制，让他了解组织中哪些东西可以改变，哪些不能，对他的决策权力进行一定的指导和控制，并建立错误纠正机制，就可以避免失败的结果。

授权必须是可控的，不可控的授权是就是弃权。或者说，管理者应给下属两件物品，一根绳子和一块糖，绳子是约束机制，控制被授权者的权限范围；糖是激励机制，可激发下属在权限范围内，最大限度地发挥潜力。

善于授权的管理者，同时也必须是善于控权的管理者，二者相辅相成，才能确保对系统实施有效控制，确保权力有序运行。

那么，怎样才算恰当地对员工进行授权呢？

对下属的授权应当分工明确

管理者的下属往往不止一个人。在对他们进行授权时，每个人的分工都应当是十分明确的，不能有重叠的部分，这样才能增强他们的责任感。你进行授权时，首先应当选择一个最有能力完成任务的人，然后确定他是否有时间和动力来完成这项工作。如果你已经有一个合适的人选，你的下一步工作是明确地告诉他你授予他怎样的权力，你希望得到什么样的结果，以及你在时间上的要求。

不要对完成任务的方法提出要求

除非有特别的原因，否则管理者在进行授权的时候都应当只授权结果。也就是说，只告诉员工要做什么和达到怎样的结果，而下属采用何种方法则由他们自己去决定。着眼于目标，并给下属完全的自由，这才是真正的授权。只有让员工对如何达到目标做出自己的选择和判断，才可以增进你与员工之间相互依赖的关系，激励员工的工作热情。

允许下属参与授权的决策

每一项权力都应当与限制相伴随。管理者在授权的时候要只下放用于完成某项工作的权力，而不是无限的权力。怎样来确定完成一项工作到底需要多大的权力呢？最好的办法是让下属参与该项决策，参考一下员工认为完成这项工作需要何种权力的意见。值得注意的是,有的人可能倾向于扩张自己的权力使其超出必要的范围,而过大的权力会降低授权的有效性,因此管理者要注意把关,与完成任务无关的权力不应该下放给员工。

使其他人知道授权已经发生

授权不应当在真空中进行,授权的目的是为了完成任务,而完成任务必然要涉及到许多其他的人。管理者和下属不仅需要知道授予了什么权力以及多大的权力,还应把授权的实事告知与授权活动有关联的其他人。不通知其他人很可能会造成冲突,并且会降低下属完成任务的可能性。

对接受授权员工进行监督和控制

没有制约的权力是不可想象的。仅有授权而不实施反馈控制会招致许多麻烦,最可能出现的问题是下属会滥用他所获得的权限。因此,在进行任务分派时双方应当明确控制机制。首先要对任务完成的具体情况达成一致,而后确定进度日期,在这个时间里下属要汇报工作的进展情况和遇到的困难。控制机制还可以通过定期抽查得以补充,以确保下属没有滥用权力。但是要注意物极必反,如果控制过度,则等于剥夺了下属的权力,授权所带来的许多激励就会丧失。

做好出现错误的思想准备

管理者在进行授权时,首先应当建立这样一种信念:错误是授权的一部分。也就是说,要让下属100%按照管理者的意图来完成工作是不大可能的,下属在完成任务的过程中出现一些错误是正常的。管理者应当预期到下属会犯什么错误,遇到什么困难,并及时地加以帮助。只要代价不是太大,授权就是可行的。下属犯错误实际上是他们在进行锻炼。只要下属得到的锻炼多于因此带来的损失,你就是一个成功的授权者。

掌握管理技巧，方能乐享成功

　　贾母掌握着那么大的贾家集团，却很少把时间用在办公中，听戏、猜灯谜、赏花，品茶……这些休闲生活成了她生活的主体，她能如此轻松，是因为她善于把恰当的工作分配给最恰当的人。

1. 把恰当的工作分配给最恰当的人

　　钢铁大王卡耐基曾经亲自预先写好自己的墓志铭："长眠于此地的人懂得在他的事业中起用比他自己更优秀的人。"

　　成功的领导者都有一个特长，就是善于观察别人，并能够吸引一批才识过人的人士来合作，以激发彼此共同的力量。这是成功者最重要的、也是最宝贵的经验。

　　任何人如果想成为一个企业的领袖，或者在某项事业上获得巨大的成功，首要条件是有一种鉴别人才的眼光，能够识别出他人的优点，并在自己的事业道路上利用他们的这些优点。

　　贾母之所以在府里那么多女眷中挑选了王熙凤，是有自己的原因的。贾府的几个大小姐，除了探春个性较强外，性格都较为柔弱，像迎春，虽然贵为二小姐，但有时连丫环也敢用话噎她。贾府需要一个性格强的，能镇得住下人又积极肯干的执行副经理。贾母总是戏称王熙凤为"凤辣子"正是因为王熙凤身上有种泼辣劲，她自小在府里被当做男孩养，平日做事，连男人也折服。王熙凤的性格当然是适合的。贾母更懂得平衡之术，在当时的贾府中，女孩不能当家，几个媳妇、孙媳妇里头，王熙凤是精力最充沛也最肯干的,用现在的话来说,她简直是个有些工作狂的女强人。

一位商界著名人物、也是银行界的领袖曾说:"我的成功得益于鉴别人才的眼力。这种眼力使得我能把每一个职员都安排到恰当的位置上,并且从来没有出过差错。"不仅如此,他还努力使员工们知道他们所担任的位置对于整个企业的重大意义,这样一来,这些员工无需监督,就能把事情办得有条有理、十分妥当。

但是,鉴别人才的眼力并非人人都有。许多经营事业失败的人大多是因为他们缺乏识别人才的眼力。他们常常把工作分派给不恰当的人去做。尽管他们本身工作得非常努力,但他们常常对能力平庸的人委以重任,而冷落了那些有真才实学的人。

他们一点都不明白,并不是能把每件事情都干得很好、样样精通的人才叫人才, 能在某一方面做得特别出色的人才是真正的人才。比如说,一个会写文章的人,他们便认为是人才,认为他管理起人来一定不差。其实,一个人能否做一个合格的管理人员,与他是否会写文章是毫无关系的。管理者必须在分配资源、制定计划、安排工作、组织控制等方面有专业技能,而这些技能并不是一个善写文章的人一定具备的。

世上成千上万的经商失败者,都失败在他们把许多不适宜的工作加在雇员的肩上,而不去管他们是否能够胜任,是否感到愉快。

一个善于用人、善于安排工作的人会在管理上少出许多麻烦。他对每个雇员的特长都了解得很清楚,也尽力做到把他们安排在最恰当的位置上。而那些不善于管理的人往往忽视这个重要的方面,总是考虑管理上一些鸡毛蒜皮的小事,这样做当然会失败。

刘邦论谋略敌不过张良,论打仗带兵敌不过韩信,但他将这些人才为己所用,成就了大事。刘备的几个结拜弟兄也个个比他强,但都忠心辅佐他,帮他成就了霸业。

一个人是唱不了大合唱的,必须借人而成。由此可见,借人成事是至关重要的,你如果忽略这一点,今生就注定只能演独角戏。

2. 不在于如何减少别人的短处,而在于如何发挥人的长处

很多事情,贾母不是不知道,只是她知道人无完人,既然用人,就需要信任人。

管理者是管理人才的伯乐,正如美国著名经营专家卡特所说:"管理之本在于用人。"用人的策略,不在于如何减少别人的短处,而在于如何发挥人的长处。

一个任用没有缺点的人的组织,最多是一个平平庸庸的组织。想要找"各方面都好"的人,只能找到平庸的人。强人总有些缺点,有高峰必有深谷,谁也不能在十项全能都强。与人类现有的博大的知识、经验和能力相比,即便是最伟大的天才都不及格。

一位经理如果重视别人不能干什么,而不是重视别人能干什么,就会以回避缺点来选用人,而不以发挥长处来选用人,那么他本人就是一个弱者。他可能看到了别人的长处却把它当成对自己的威胁。但事实上从来没有哪位经理因为他部下很有能力、很有效率而遭殃。

有效的管理者知道,他们的部下之所以拿薪水,是为行使职责,而不是为了投上级所好。他们知道,只要一位女演员能招来观众,她爱发多大脾气都无关紧要。假如发脾气是这个女演员使自己的表演达到至善至美的方法的话,那么剧团经理就是为受她的脾气而拿薪水的。

有效的管理者从来不问:"他跟我合得来吗?"而问的是:"他能做什么?"所以在用人时,他们会发掘别人某一方面的杰出之处,而不看他是否具有人人都有的能力。

　　知人所长和用人所长是合乎人的本性的。事实上，所谓的"完人"或者所谓的"成熟的个性"，隐含着对人的最特殊才能的亵渎。人的最特殊才能是：把他的所有资源都用于一项活动、一个专门领域、一项能达到的成就上。换句话说，所谓的"完人"或者"成熟的个性"的概念，亵渎了人的卓越，因为人只能在某一领域内达到卓越，最多也只能在几个领域内达到卓越。

　　当然，世上确有多才多艺的人，我们通常所说的"万能天才"指的就是这些人。但真正在多方面都有造诣的人还没有。即使是达·芬奇也只不过在绘画方面造诣较深，尽管他兴趣广泛；如果歌德的诗没有留传下来，那么他也就是对光学和哲学有所涉猎。伟人尚且如此，我们这些凡人就更不用说了。除非一个管理者能够发现别人的长处，并设法使其长处发挥作用，否则他就只会受到别人的弱点、短处的影响。用人只用别人的短处，只用别人的弱点，是对人才资源的浪费，是误用人才，说得严重些，便是虐待人才。

　　发现人的长处是为了要求成果，如果一个管理者不先问："他能做什么？"那么我们可以肯定，这位管理者的部下不会有真正的贡献，因为他事先已经原谅了他部下的无成果。这样的管理者成事不足，败事有余。真正"苛求"的经理——事实上，懂得用人的经理都是苛求的经理，他总是先发掘一个人最能做什么，再来"苛求"对方做什么。

　　如果想克服人的缺点，组织的目标就要受挫。所谓组织，是一种工具，专门用来发挥人的长处，中和人的短处，使其变的无害的工具。能力很强的人不必参加组织，也不想参加组织，他们自己单干会更好。我们绝大多数人，没有许多长处，不可能凭仅有的长处就能取得成就，更何况我们还有许多缺点。研究人际关系学的专家有一句俗语："你要雇佣一个人的'手'，就是雇佣他'整个的人'，因为他的人和手总是在一起的。同样，一个人不可能只有长处，短长总是和我们在一起。"

　　但是我们可以这样筹划一个组织，使人的弱点只是个人的瑕疵，被排除在他的工作和成就之外，使人的长处得到发挥。一位优秀的会计师，自己创业可能会因为不善于与人相处而受挫折；把他放在组织里，我们就可以使他发挥会计业务之长，把他不善于与人相处之短排除在他的工作之外。一个小企业家只精通财务但不懂生产和销售，也要遇到麻烦；而在一家略大一点的企业里，一位只有财务特长的人照样可以有很好的生产性。

3. 善于给予，而不是索取

"施"，就字义而言，就是给予，施与帮助，也可以说是奉献。领导者善于给予员工，员工才能真正用心为公司服务。

你只有不断地给予别人，才能有影响力。

战国时期有四公子：齐国孟尝君，赵国平原君，魏国信陵君，楚国春申君。为什么这些人的话对当时的许多国君都有影响力？因为他们不断给予，养了一班人。他们礼贤下士，广招宾客，不断地扩大自己的影响力，所以国君怕他们。

即便是贪婪成性、雁过拔毛的王熙凤，有的时候也懂得给予的管理技巧。京官后代王狗儿已沦落乡间务农，因祖上曾和王夫人、凤姐娘家联宗，他便让岳母刘姥姥到荣国府找王夫人"打秋风"。贾母是个慈善的人，对乡下来攀亲戚的刘姥姥是热情有加，不但宴请了她，还带她在园子里游走。刘姥姥为人朴实，很讨贾母欢心。最会拍马屁的王熙凤当然也不能待慢刘姥姥。她不但好好接待了刘姥姥还给了二十两银子。却不想，正是这样的给予激励政策，让刘姥姥在贾家败落之后，挽救了王熙凤的独生女儿巧姐。王熙凤几乎一辈子都在索取，唯独在这件事上的给予，为女儿积了后福。

现代的商业化社会，让很多人表现得很精明，处处算计，生怕吃一点点的亏。他们一听到要付出、要给予、要无私奉献就头痛。其实，这些人精明而不高明，不吃亏但也占不到什么便宜。

柳传志如果不那么付出，不在管理层中形成利益的给予，他能有那么大的影响力吗？对于那些高层管理者们，他该给的利益都给足、给够，让他们在物质上得到极大的满足，在精神上得到极大的鼓励。他自己呢？给予第一，享受第二。这反而让他的影响力更大了。

牛根生也是如此，给部下股票、最好的房子、最好的车子，在物质上不断地给予，最后把自己的股份都全捐出去。这种给予，能不使他具有强大的影响力吗？

作为领导者，如果你不以给予和人心为关注目标，就得不到人心，如此还能够得到什么呢？肯定什么也得不到。所以，领导者一定要有正确的"人才观"，懂得并擅于给予。

早期的美国福克斯公司急需一项重要的技术改造。一天深夜，一位科学家拿了一台能解决问题的原型机走进总裁的办公室。总裁觉得这个主意非常妙，琢磨着怎样给予对方奖励。他弯下腰把办公桌的所有抽屉都翻遍了，总算找到了一样东西，于是他躬身对那位科学家说："这个给你！"他手上拿的竟是一根香蕉，而这是他当时能拿得出的唯一奖赏。

从此以后，香蕉演化成了小小的金香蕉形别针，作为该公司对科学成就的最高奖赏。

作为公司领导，除了用高额薪金和年终红包来奖励员工外，还要善于调动员工的积极性，对此一个最有效的办法是表扬下属。从心理学的角度而言，人都是渴望得到社会认可和尊重的，如果领导能够恰如其分地赞美下属，就会让下属人心归附，对领导、对公司产生情感归依。

《红楼梦》中写贾母到潇湘馆看到黛玉的纱窗褪了色不好看，坚持要换，换上的纱窗用料是连薛姨妈和凤姐都不认识的"比现在内造上用的纱更软厚轻密"的软烟罗，这"历史悠久"的"绝世珍品"居然是凤姐"昨儿开库房"不小心找出来的。贾母将这样的好东西给予黛玉，为的是让黛玉感受到自己对她的爱,一再强调第二日就换,为的是让所有人看到自己对黛玉的爱,让他们知道黛玉虽然父母双亡,但有自己这个最疼爱她的外祖母撑腰,要下人们不仗势欺人。

不要总是不断向员工索取成绩、索取绩效,想想你能提供给员工什么?"水不激不扬,人不激不奋"。管理者应当善于激励员工,把员工的心捂热,想办法给他们满足,让他们充分发挥自己的主观能动性。

一个善于激励下属的管理者,深知让员工尝到"甜头"的好处。作为一名管理者,能够很好地识人用人对企业的发展有着举足轻重的作用。

小贴士:

构建激励体制,激发员工主观能动性

下属工作效率低下,你该怎么办?办法只有一个,学会激励他们。没有包治百病的万能药,也没有一种激励方法可以让所有的员工都满意。但是,你可以构建一个激励体系。

1.目标激励

所谓目标激励,就是把大、中、小和远、中、近的目标相结合,使员工在工作中时刻把自己的行为与这些目标紧紧联系。目标激励包括设置、实施和检查目标三个阶段。在制定目标时须注意:要根据团队的实际业务情况来制定可行的目标。一个振奋人心、切实可行的目标,可以起到鼓舞士气,激励员工的作用。而那些可望不可及或既不可望又不可及的目标,会产生适得其反的作用。管理者可以对团队或个人制定并下达切合年度、半年、季度、月、日的业务目标,并定期检查,使其朝着各自的目标去努力拼搏。

2.物质激励

所谓物质激励,就是从满足人的物质需要出发,对物质利益关系进行调节,从而激发人们的向上动机并控制其行为的趋向。物质激励多以加薪、减薪、奖金、罚款等形式出现。在目前社会经济条件下，物质激励是激励体制中不可或缺的重要手段，对强化按劳取酬的分配原则和调动员工的劳动热情有很大的作用。

3.情感激励

情感激励既不是以物质利益为诱导，也不是以精神理想为刺激，而是指领导者与被领导者之间以情感联系为手段的激励方式。情感激励主要是培养激励对象的积极情感。其方式有很多，如沟通思想、排忧解难、慰问家访、交往娱乐、批评帮助、共同劳动、民主协商等。只要领导者真正关心体贴、尊重、爱护激励对象，能通过感情交流充分体现出自己的"人情味"，被领导者就会把你对他的真挚情感化作接受你领导的自觉行动。

4.差别激励

由于每个员工的需求各不相同，对某个人的有效奖励措施可能对其他人没有作用。管理者应当针对员工的差异进行个别化的奖励。比如，有的员工希望得到更高的工资，而另一些人并不在乎工资，只希望有自由的休假时间。又比如，对一些工资高的员工，增加工资的吸引力可能不如授予他"优秀员工"头衔的吸引力大。每个人都有自己的性格特质。员工的个性各不相同，他们所从事的工作也应当有所区别。与员工个性相匹配的工作才会让员工感到满意、舒适。

5.支持激励

主管要善于支持员工的创造性建议，充分挖掘员工的聪明才智，使大家都想事，都干事，都创新，都创造。支持激励包括尊重员工的人格、尊严、创造精神，爱护下级的积极性和创造性；信任员工，放手让员工大胆工作；当员工工作遇到困难时，主动为员工排忧解难，增加员工的安全感和信任感；在工作出现差错时，承担自己应该承担的责任。当团队主管向上级夸赞员工的成绩与为人时，员工会心存感激，这样便满足了员工渴望被认可的心理，其干劲会更足。支持激励既是用人的高招，也是激励员工的办法之一。

物质奖励和精神激励相结合。进行奖励，不能搞"金钱万能"，也不能搞"精神万能"，应当把物质奖励和精神激励相结合。如果当管理者的能用好的激励方法管理下属，尤其是那些有个性、有文化、有知识、有思想的"四有"员工，那么管理水平一定会"更上一层楼"。

延伸阅读：

刘姥姥的处世之道

提起《红楼梦》中的刘姥姥，人们想到的可能是她衣着寒酸、言语粗陋的形象，可能是游大观园时让凤姐、鸳鸯戏弄耍笑，花园满头插花、宴席中夹鸽子蛋、被灌酒，最终醉卧宝玉房间这些令人忍俊不禁的糗事。可实际上，曹雪芹老先生所塑造的刘姥姥是一个不可小觑的人物。

有技巧地提出自己意见，处理好家庭内部关系

当女婿狗儿为养家糊口发愁时，刘姥姥发话："谋事在人，成事在天，咱们谋到了，看菩萨的保佑，有些机会，也未可知。"首先，她向女婿提起"咱们家原是和金陵王家连过宗的"信息；其次，引导女婿想出让自己带板儿前去找周瑞、再拜访王夫人这一求助方案；最后，付诸实现。

返回来细想，我们会发现刘姥姥早就胸有成竹、想好了办法：自己当年就认识王夫人，也办过这些事，知道该如何操作。可由自己提出整套计划又不太合适。自己要靠女儿女婿养老，得和女婿拉好关系，在大事、大决定上要时刻谨记女婿才是一家之主，决不能抢女婿的风头。最后事情还不是照着刘姥姥自己的意思来办的？刘姥姥是在不动声色之际做成想做之事，从而逐步提高自己的家庭地位，最终成为女婿家的掌权者。《红楼梦》第一百一十九回描写了刘姥姥未与女婿商量就自作主张把巧姐和平儿接回家中，由此可见刘姥姥在女婿家里说话已极有份量了。

善于随机应变

知道荣国府王夫人退居二线，改由王熙凤主事后，刘姥姥并未因此而退却，还是照原计划行事，但适时改变了要求助的人。在"二进荣国府"时，贾母想听听村里的新闻事，刘姥姥就投其所好讲了些善有善报、恶有恶报的故事，满足她的心理需求。筵席上吃鸽子蛋，刘姥姥明知凤姐要看笑话，自己天天在田间地头，哪能不知鸡蛋和鸽子蛋的区别？为了扮好丑角，她故意说："这里的鸡儿也俊，下的蛋也小巧。"又说，"一两银子，也没听见响声就没了。"用这些俗不可耐的话给筵席带来笑声，给缺少生气的大观园带来了欢乐。

靠这些应变能力，刘姥姥叩开了荣国府的大门，有了进荣国府拜见、游览大观园的好事，给荣国府各阶层人士留下深刻印象，最终攀上了"白玉为堂金作马"的金陵贾家！

不露痕迹的夸赞

大观园是接待贾妃的省亲别墅，居住其中的才女们找不出恰当的词语来描述它，只好用"精妙一时言不出"来形容其布局精巧、豪华富丽。而刘姥姥则用对比的话，夸赞了大观园景色之美实非常人所能想到："我们庄家人家人稼人都说怎么得到城里卖的画上逛逛。不过画是假的，哪有这真地方呢？可进园子一瞧，比那画还强十倍。"刘姥姥还用这样的话夸赞荣国府的点心："我们那里最巧的姐儿也不能绞出这么个纸的来。我又爱吃、又舍不得吃，包些家去给她们做花样子。"她以美慕的语气、配以没见过世面的语言进行夸赞，让凤姐、鸳鸯这些操办主事者心里着实受用，而贾母心中也少不了得意一番。

展示自己的特色

在大观园酒桌上行酒令时，刘姥姥跃跃欲试道："我们庄家人闲了，也常会几个人弄这个，但不如说的这么好听，少不得我也试一试。"鸳鸯说："左边'四四'是个人"。刘姥姥应："是个庄家人罢。"鸳鸯说："凑成便是一枝花"。刘姥姥应："花儿落了结个大倭瓜。"虽然她没有在座的诸位才子、才女学问高，还是毫不畏惧地接受了挑战，用老百姓的本色在大观园里"秀"了一回。

在刘姥姥给大观园带来的笑声中，贾母这些位高权重者感到了无上的尊荣、获得了精神上的满足，但刘姥姥才是大赢家，大开眼界游玩了大观园不说，还与荣国府上上下下的女眷拉好了关系：以同龄人身份靠近贾母，以奉承话巴结凤姐，以自暴其短取悦姑娘，以低下身份接近丫环，全府上下没几个不喜欢她的。临走时，贾母、王夫人、宝玉、平儿、鸳鸯都有不同礼物赠送，返程的车上堆满了青纱茧绸、内造点心、御田粳米、绸缎衣物，刘姥姥搂着成窑钟子，怀里揣着一百多两银子满载而归。

刘姥姥还是一个有情有义的人。且不说"一进荣国府"时，凤姐帮衬了二十两银子，第二回刘姥姥来时，赶紧带来了头一茬摘下的瓜果蔬菜以尽心意，荣国府出事、凤姐病逝后，以往的一些亲戚朋友视贾家人为洪水猛兽，唯恐避之不及，遭到牵连。这时，邢夫人、王仁和贾芸联合起来要把巧姐卖到藩王家当使女，平儿和王夫人急得不知如何是好，在这关键时刻，刘姥姥来了，提议让巧姐、平儿躲到屯子里，由平儿写明事情原委、狗儿找人通知贾链。得到王夫人同意后，该提议立即实施。刘姥姥不因荣国府犯事而不敢来往，她时时刻刻记得荣国府曾资助过她，更记得凤姐是如何对她好。其后，荣国府恢复了过去的地位，由门可罗雀转为车水马龙。经过了巧姐躲藏、做媒之事，刘姥姥与荣国府的关系怎能不更上一层楼？

《红楼梦》在讲述"侯门深似海"的荣国府的跌宕起伏过程时，塑造了许多各具特色、灵活鲜明的"红楼梦中人"，其中穿插了刘姥姥这么一位普通妇女，她充分展示了自己劳动本色的平民特征，是一位既顾家，又能出谋划策、兼顾他人感受、公关技术一流、有情有义的老人，这与那些总是带着怜悯、施舍态度、只顾自己享受的贵族形成明显对比，在令人难以忘怀之余，为该书增色不少。

第七章

大观园的那些事
——得人心者得天下

　　《红楼梦》的世界,玄机暗藏;人生的职场,危机四伏。林黛玉PK薛宝钗,晴雯PK袭人,王熙凤PK平儿……最后,输的那个都输在"不得人心"上。

　　可见,要想成为一名优秀的职业人,千万不能忽视构筑和健全良好人脉网的能力。

林黛玉VS薛宝钗：会做人的女人最好命

林黛玉和薛宝钗同是贾家的少奶奶的有力争夺者，虽然林黛玉比薛宝钗工龄长，与贾宝玉两情相悦，但最后，上层领导还是选择了薛宝钗，因为薛宝钗会处理人际关系，不但跟贾府的上层人物关系密切，先搞定了未来婆婆王夫人，又笼络了贾宝玉未来的侍妾袭人，还时不时对下人施点小恩小惠。最后，在上层领导的指令下，在下层群众的簇拥下，薛宝钗终于登上二奶奶的宝座。

晴雯，她拥有别人没有的技能——针线，宝玉的雀金裘烧了个洞，只有她一人能补。在丫环里面晴雯绝对算得上是技术型人才，贾母就是看她长得好，工作能力又强，才安排她服侍宝玉，跟袭人同为贾宝玉侍妾的培养对象。贾母欣赏，宝玉疼爱，自己又才华出众，晴雯被这些蒙蔽了双眼，在待人接物上显得"狂浪"。她冷嘲热讽袭人，常常拿秋纹、麝月打趣，对下面的小丫头、老妈子态度更是恶劣，不但没有发展人脉，还得罪了一大批人，以致最后被赶出大观园时只有贾宝玉一个人去看望，连个知心的同事都没有。

可见，时代虽然变了，但是"会做人的女人最好命"这个道理是亘古不变的。女人一定要学会打造自己的人脉，学会做人处世之道。

1. "好风频借力"——好人脉让你飞得更高

曾经有人这样比喻：一把坚实的大锁挂在铁门上，一根铁杆费了九牛二虎之力,还是无法将它撬开。钥匙来了,它瘦小的身子钻进锁孔,只轻轻一转,那大锁就"啪"地一声打开了。铁杆奇怪地问:"为什么我费了那么大力气都打不开,而你却轻而易举地就把它打开了呢?"钥匙说:"因为我最了解他的心。"

深入内心的沟通,才能赢得人心。

人脉就是职场人成功的金钥匙。

不管职位高低,职场人的价值都取决于"关系网"的大小。要知道,职场上流行着这样一句话:"工作中接触人的多少,与一个人工资的多少成正比。"

企业在选择、使用人才时,很看重被考察对象的人脉资源。企业在雇佣一个人的时候,不仅需要他从关系网中获取的信息,还希望把他的关系网同企业联系在一起,希望能通过他为公司建立起新的关系网。

在美国,曾有人向2000多位雇主做过这样一个问卷调查:"请查阅贵公司最近解雇的三名员工的资料,然后回答:解雇的理由是什么。"结果是,无论什么地区、什么行业的雇主,有超过三分之二的答复都是:"他们是因为不会与别人相处而被解雇的。"

我们看看身边,看看那些从同事中脱颖而出、晋升到管理层的职业精英,那些"独挡一面"的人才,会发现,他们不一定是专业能力最强的,但肯定是最善于经营人脉的人。

很多人迷信创业者的神话,以为只要自己辛苦努力就可以获得成功,于是加班几点,拼命工作,没时间跟同事、朋友聚会,没时间去结交客户,更没时间去认识新的人脉关系。他们忽视了这些人的成功不仅仅跟个人努力有关。

沃伦·巴菲特父亲曾担任四届国会议员,且曾参加国会金融委员会,由此他的人脉网络之雄厚可想而知,而这样一张网络对从小培养巴菲特的金融意识和日后为巴菲特创造机会发挥了重大作用。

盖茨和艾伦创建的交通数据公司的第一笔订单是盖茨通过父母关

系找到主管交通的市政官员拿下的,艾伦到处推广公司的产品,但效果远远不如盖茨利用家庭人脉关系。盖茨创建的第二家公司从事开发课表编排程序,第一单业务是本校的课表编排,第二单业务是为华盛顿大学实验学院设计一套学籍管理软件,是通过他担任华盛顿大学学生管理协会成员的姐姐拿到的,而他母亲是华盛顿大学董事长。对微软公司发展具有关键意义的是初创时从计算机巨头IBM公司那里拿到为其开发微机操作系统的大订单,拿下这笔订单的功臣之一是他那出任IBM董事的母亲,而IBM新任董事长是盖茨母亲的好友。

我们没那么幸运,不是官二代也不是富二代,家人无法提供给我们庞大的人际关系网,所以自己要利用好这八个小时,像蜘蛛织网般,开始营造自己的人脉圈。

被称为"美国杂志界奇才"的埃德沃·波克,小时候是一个名副其实的"苦孩子"。他六岁时,就跟着家中长辈移民到了美国,从小在美国的贫民窟长大,一生仅上过六年学。十三岁时,他就辍学到一家电信公司工作。

然而,埃德沃·波克并没有就此放弃学习,他在工作之余一直努力坚持自修。更不可思议的是,小小年纪的波克,竟然非常"早熟"地懂得了经营人际关系的重要性。

波克经营人脉的做法很独特:首先,他省下工钱、午餐钱,买了一套《全美名流人物传记大成》。

接着,他做出了一个让任何人都意想不到的举动:他直接写信给书中的人物,询问书中没有记载的童年及往事。比如,他曾写信给当时的总统候选人哥菲德将军,问将军是否真的在拖船上工作过?他还写信给格兰特将军,问他有关南北战争的事。

那时候的小波克年仅十四岁,周薪只有六元两角五分,他就是用这种方法结识了美国当时最有名望的诗人、哲学家、作家、大商贾、军政要员等。那些名人也都乐意接见这位可爱的充满好奇心的波兰小难民。

　　小波克因此获得了多位名人的接见,他决定利用这些非同寻常的关系,改变自己的命运。他开始努力学习写作技巧,向上流社会毛遂自荐,替他们写传记。不久之后,他便收到了像雪片一样的订单,以至于,他需要雇用六名助手帮他写简历,而这时的波克还不到二十岁。

　　很快,这个擅长交际的年轻人,就被《家庭妇女》杂志邀请担任编辑,并且一做就是三十年。而波克,也利用他善于与人沟通的特长,将这本杂志办成了全美最畅销的杂志之一。

　　很多人在自己一无所有的时候都是自卑的,他们不敢轻易去结识人,怕别人的嘲笑。其实,只要你大胆地向别人主动展示你的才华,主动表达你的意愿,主动表达你的善意,你就可能结识到第一条人脉,然后从这条人脉辐射出去,累积越来越多的人脉。

　　林黛玉的父亲在朝为官,自己是贾母的亲外孙女,是绝对的"官二代",但是她来到贾府后,却因为多病,"总不出门,只在自己房中将养"。如此,在贾母、王夫人面前讨好的机会自然就少了,贾母是她的亲祖母,只会怜惜不会介意,但王夫人不过是她的舅母,难免会怪她失礼。而薛宝钗,虽然只是个"富二代",与贾家的关系也仅是母亲跟王夫人是姊妹,远不如黛玉跟贾府的关系亲。但是,薛宝钗却不忘每日一早一晚地去贾母、王夫人处定省两次,"承色陪坐闲话半时",礼数周全,面面俱到。

　　什么是成功?这个问题其实并不难回答。所谓成功,就是幸运地获得了被提拔的机遇。

　　什么是机遇?那些不明真相的人,常把那些令人羡慕的、又不太可能发生的、偏偏又真正发生的事情称为"机遇"。其实,机遇就是得到贵人相助,就是幸运地获得了他人的较高评价,从而得以担当更重要的职责。这其实是我们中国人平时说的,千里马遇到了伯乐。

　　要获得机遇,我们除了要增强自身的竞争能力,除了提高个人的专业技能外,还要注意扩展自己人脉,从而给自己创造更多的可能。薛宝钗就曾写诗说"好风频借力,送我上青云",对于现代的职业女性来说,这个"力"就是人脉的力量。好人脉能让你飞得更高。

2. 聪明女人,随时打造属于自己的"圈子"

有这样一句话,上帝给了你一天二十四小时,八小时工作,八小时睡觉,剩下的八小时是为了让你拓展人脉的。你利用好这八小时了吗?

说起平时的工作,袭人应该比晴雯要忙碌,宝玉的贴身衣物基本都是出自她的手,每天还要贴身服侍,事无巨细。在有限的闲暇时间里,袭人积极织起了自己的人脉网。

黛玉初来贾府的那晚,被安排睡在宝玉之前的房间,宝玉睡在外间。伺候宝玉入睡后,袭人看到黛玉的房间灯还亮着,就主动过来问姑娘怎么还不休息。听得黛玉伤心的原委,又安慰了一番。恰当的时间,适时的安慰,让黛玉心怀感激。黛玉虽然在宝钗来了后,有过种种吃醋的事,也不时对宝钗冷嘲热讽两下,但却从来没有嫉妒过袭人和宝玉的关系,这也是袭人会做人的地方。

难道袭人不累吗?不是的,但是她清楚,新来的这位林黛玉是贾母最疼爱的外孙女,以后大家住在一起,多认识一个人就多一份照应。选在黛玉刚到贾府,最孤立无援的时候,及时表达了自己的安慰,结下的才是雪中送炭的情谊。

而晴雯呢,书中多次提到她工作不认真,闲暇的时候会跟几个小丫环们赌几把,根本没想过要为自己的将来储蓄人脉。袭人不但主动跟黛玉示好,宝钗偶尔来怡红院探望的时候,她也都把握时机,跟宝钗叙叙。对于史湘云,袭人也是早早动手,史湘云跟宝玉亲厚,常来怡红院玩,袭人会在日常生活上给予其无微不至的关怀,而湘云是别人待自己一份好就回报十分好的直肠子,不但经常给袭人带些小礼物,还偶尔帮着袭人做些针线活。而晴雯却只想自己,宝钗待的久了,她便在一旁嘟囔着不高兴,根本没想过抓紧时间跟宝钗套交情。

袭人还利用日常工作时间,亲手调教秋纹、麝月,跟她俩同吃同住,感情极好。而晴雯只是嘲笑她们的小圈子,却从未想过自己根本没有圈子。

凤姐是贾府管事的,大权在握,这当然是黄金人脉。听说凤姐病了,袭人前去探望,充分表现出关怀要在别人最需要的时候送出才显得更有意义。不但如此,袭人平日里还跟凤姐的高级秘书平儿交情匪浅。两个人有着相似的身份,惺惺相惜。这才有了怡红院的小丫环偷了凤姐的镯子,平儿查办时隐瞒不报,只偷偷告诉了袭人,让她盯防的事。

宝玉被打了,王夫人叫个丫环回话,袭人主动请缨,还把自己素日想到的对宝玉职场发展有利的提案汇报给了王夫人,给王夫人留下了深刻印象,取得了王夫人的好感和信任:"我的儿,你竟有这个心胸,想的这样周全","我就把他交给你了,好歹留心,保全了他,就是保全了我。我自然不辜负你"。通过这事袭人得到王夫人的特别赏识。袭人抓住时机,适时地表现自己,为自己争取到了上层的支持。

晴雯被赶出贾府的时候,连一个肯帮她说话的人都没有,若是她平日注意积累人脉,关键时刻能伸出援手,或许也不至于落得如此悲惨结局。

文学家马克·吐温曾这样说过:"结交朋友最恰当的时期,是在你感到需要朋友之前。"

有人把人脉比做"存折",这是因为人脉和资金的储蓄一样,都为是了将来做准备。如果想等到"以后"或"有需要时"再"找关系","关系"就永远不会来临。等到"有必要"时才想到应该开始建立人脉,注定为时已晚。

那么,我们应该如何利用这八小时,打造属于自己的"圈子"呢?

午餐是上班族巩固自己职场人脉的最有利时间

宝钗一来贾府，就成功运用了吃饭时间，一会儿请大家吃螃蟹宴，一会儿跟探春吃油盐炒枸杞芽儿，主动选找饭搭子，主动建立人脉。黛玉仅有的几次饭局不是贾母叫去的，就是参加诗社的活动，完全是被动的。即便去了，她也是活在自己的小世界里，只关心宝玉一个，错失了无数建立人脉的关键时刻。

一周之内，你平均有多少次和同事共进午餐？这道题是用来判断你在午餐这一用于了解周围环境的工具上，投资的时间和精力是否足够。

或许你会觉得，这过于夸大了职场中某些细节的作用——但是如果你曾经听说过蝴蝶效应，也许就会觉得在吃午餐这件事上稍微花点脑筋，完全是理所应当的。

跟自己部门的同事一起吃饭，不但能让自己更加融入这个集体，还可以让不方便在上班时候说的话，在饭桌上以非正式的口吻说出来。饭桌本身就具有社交的独特优势。你除了能从饮食口味、经济状况乃至于性格特点等各个角度观察你的同事以外，如果够细心的话，还可以看出他对工作、部门、公司的看法。

跟不同部门的同级吃饭，则是扩大信息来源、加强横向沟通的好机会。在这种非正式的场合里，更容易了解到在办公室格子间里不大容易了解到的边边角角的信息——例如经理最近换了新车，小王的客户跟老婆离婚——没准在关键时候这些能派上用场。特别是在公司调整、变化，或是有重大举措即将出台的时候，多跟同事抱团吃饭，有助于你从不同角度全面了解大局。

懂得和办公室同事共进午餐的艺术，远比懂得如何和客户厂商吃饭来得根本且重要。毕竟，安内才能攘外，如果你连公司里的事都摆不平了，你再会抢订单，又有什么用？

比起和客户餐叙，和同事共餐更困难。同事之间，彼此竞争又彼此合作，利益关系一致（替公司部门赚取最大利益）却又分殊（替自己争取升迁加薪）。特别是竞争激烈的商业组织，表面上很合谐，私底下却是暗潮汹涌。

　　和同事吃饭，是门艺术，是门大学问，需要花时间揣摩学习。你若不能掌握好与部门同事的关系，在外面再会打拼都是没有用的，因为同事们的几句闲言闲语，就能让你的功劳瞬间化为乌有。

　　如果中午用餐时间，你总是一个人躲开同事自己出去吃饭，上司肯定会认为你不合群、无法融入组织；反之，还没到中午，就积极热情地拿出订便当手册，询问部门里同事中午要吃什么的人，则是热心过头，被贴上狗腿标签的机率很大。

　　最好的作法是，一周五天，几天和同事用餐，几天和客户、朋友吃饭，视情况而定，绝对不要把时间全都留给客户或同事。

　　刚刚加入公司的新人很可能会在临近午餐的时候有些微焦虑：去哪里吃？跟谁去吃？其他人成群结队、熟门熟路地走了，剩下自己尴尬落单，不知道该叫外卖还是去找快餐店。

　　融入新环境需要时间，这是很自然的。别人体察到你的情绪，那是你运气好遇到了体贴的同事——但别人没有义务这样做不是吗？如果因此就患上社交恐惧症，无疑会给职场生涯带来极大的负面影响。你不妨把吃午饭看作一种交际方式，把它当做与同事建立友谊的机会，别人不向你提出邀约，你可以试着主动加入，不要怕，很少有人会拒绝一个开朗热情的新同事。

吃喝玩乐皆学问

　　生活中，"吃喝玩乐皆学问"，很多工作都非常考验一个人与别人沟通和协调的能力。

　　诗人陆游在他逝世的前一年，给他的一个儿子传授写诗经验时，写了这么一句："汝果欲学诗，功夫在诗外。"他讲到他初作诗时，只知道在用词、技巧、形式上下工夫，到中年才领悟到这种做法不对，诗应该注重内容、意境。陆游在另一首诗中又写道："纸上得来终觉浅，绝知此事要躬行。"这可以看做是上句的绝佳注脚。

工作就是如此,很多事情看似是与他人的交往沟通出了问题,实际上是自己准备不够,生活中储备的知识不够。正如曹雪芹所说:"世事洞明皆学问,人情练达即文章。"

如果有人问你:"我们一起钓鱼去吧?"

你说:"我不会。"

如果有人问你:"我们一起唱KTV吧?"

你说:"我不会。"

如果有人问你:"我们一起去……"

你说:"我不会。"

那么,不是对方不给你机会,是你堵死了对方通向你的门。

著名主持人蔡康永说得好——15岁觉得游泳难,放弃游泳,到18岁遇到一个你喜欢的人约你去游泳,你只好说"我不会耶"。18岁觉得英文难,放弃英文,28岁出现一个很棒但要会英文的工作,你只好说"我不会耶"。人生前期越嫌麻烦,越懒得学,后来就越可能错过让你动心的人和事,错过新风景。

为了和别人更好的沟通,你的业余生活不应该只是睡懒觉,或者泡酒吧,或者是"宅一整天而不动",你应该花一点时间去修炼自己的艺术才能,达到"内外兼修"。所以,请花一点时间去认认真真研究"趣味"这件事。

例如,在与重要的人一起就餐之前,可以先从美食书、网上搜寻适合的餐馆,通过对食物的精心选择,显示出自己的诚意。当然如果只注意这些,会把更重要的语言交流忽略了,那便本末倒置,得不偿失了。

吃一小时的饭就要用足一小时的交流时间,吃两小时就用足两小时的交流时间,因此你需要准备足够多的信息来制造"愉快的话题",使这顿会餐物超所值。

别再临时抱佛脚了!给自己放个假,培养一两个业余爱好吧!如此不但你的心态会变好,你的事业也会有新惊喜。

拿出一定的时间修炼软实力是必要的,想想看,一名刚踏入工作岗位的新人,在工作经验上显然是薄弱的,那么,他怎么能让别人关注自己,同时又不让人觉得哗众取宠呢?

如果他懂个小魔术,利用午休时间,给大家变个魔术玩,一下子把大家的兴趣都调动起来,他与他人的话题就会越来越多,距离就会越来越近,到时融入团队就不是什么困难的事情了。

想拥有这种软实力,必须有前期投入的时间。时间对于人们来说非常宝贵,正因为如此,人们投入紧张状态时总是感觉没有时间。

兴趣这件事,比你现在手头是否有1000万都重要,因为个人在社会消耗的财富是有限的,一个无趣之人,纵然有了1000万,也是一场灾难。

请拿出时间,感受你的兴趣,修炼你的人生趣味。我们每天面对忙不完的工作,面对复杂的人际关系时,会生成无形的压力。而关注兴趣,修炼软实力,是在对自己进行有效的压力管理。

延伸阅读:

快速拉近距离的小窍门

(1)故意显露笨拙的一面,使对方产生优越感。

比如说,时下的演员都以年轻貌美、头脑聪明、歌艺佳、演技生动为优点,企图在观众中塑造一种形象,提升优越感;殊不知,一个人面对比自己优秀的人,心中只会产生挫折感,从而自然而然地产生了反感。根据这个原理,某些人为获得知名度,会故意表露自己的笨拙。在公司的同事、上司面前,故意表现出单纯的一面,以憨直的形象,激发他人的优越感,能吃小亏而占大便宜。有的部属从不隐藏自己的锋芒,工作上处处表现得干劲十足、能力超强,会在无形中惹来嫉妒和猜忌:"你行,你一人就能干好,那还要我们干什么?"

(2)说些自己的私事,从而拉近彼此间的距离。

开门未必一定要见山，一见面就谈工作的事，铁定会让人反感。不妨暂时抛开主题，先谈共同的话题，或自己的繁杂琐事，以求达到心灵的共鸣。如肯尼迪在争夺总统席位的竞选演说中，曾经轻描淡写地说："紧接着，我还要告诉各位一句话，我和我的妻子虽然赢得选战，但我们希望能再生个孩子。"

在公司与同事谈及私事，可以增进彼此间的亲切感。但是，私事并不包括隐私。如果你向别人泄漏自己的隐私，别人可能会以此为笑柄攻击你。而随意谈论他人的隐私，他人会对你表示不满，并乘机报复。

(3)倾听是你克敌制胜的法宝。

一个时时带着耳朵的人远比一个只长着嘴巴的人讨人喜欢。与人沟通时，如果只顾自己喋喋不休，根本不管对方是否有兴趣听，很不礼貌的事情，极易让人产生反感。

做一个好听众，不仅要自己说，更要尊重别人所说的，这效果要比你说得天花乱坠好得多。倾听并不只是单纯的听，还应真诚地去听，并且不时地表达自己的认同或赞扬。倾听的时候，要面带微笑，并适时的以表情、手势如点头表示认可，以免给人以敷衍的印象。

当对方有怨气、不满需要发泄时，倾听可以缓解对方的敌对情绪。很多人的气愤的诉说，不一定是要得到什么合理的解释或补偿，而是要把自己的不满发泄出来。这时候，倾听远比提供建议有用得多。如果真有解释的必要，你要避免正面冲突，在对方的怒气缓和后再进行。

3. 进退有据，刚柔有度——会说话的女人最出色

语言是连接人与人之间的纽带，纽带质量的好坏，直接决定了人际关系的和谐与否，进而会影响到事业的发展以及人生的幸福。尤其是对于女人来说，形象固然重要，但口才同样不可忽视。

王熙凤见了黛玉时怎么说的？"天下真有这样标致的人物，我今儿才算见了！况且这通身的气派，竟不像老祖宗的外孙女，竟是个嫡亲的孙女。怨不得老祖宗口头心头一时不忘。只可怜我这妹妹这样命苦，怎么姑妈偏就去世了(高明煽情)。"然后用手帕拭泪。你看她会说话不？太会说了，八面玲珑。王夫人说，该随手拿出两个缎子来，给你这妹妹裁衣裳，王熙凤却说，这我倒是早料到了，知道妹妹不过这两日来，我已预备下了，只等太太过了目，好送来。她准备了吗，没有，她就这么会说话。

王熙凤太聪明了。她讨贾府的最高精神统帅——贾母的好，也太明显了，难免招致他人的不屑与不满。再加上她对下人的苛责，心狠手辣，敛财无度，所以在贾府，王熙凤虽能说能干，但也只讨了老太太一个人的好。

薛宝钗就不一样了。有一天宝玉说话不巧，得罪了宝钗，还惹了黛玉不高兴，百无聊赖，大中午的转悠着玩，走到了王夫人那里。天热，王夫人在凉榻上睡着，金钏儿在一边捶腿，困得也乜斜着眼乱恍。宝玉见了她拿了块薄荷糖类的东西放到了金钏儿嘴里，又上来拉手，说要跟太太讨了她。金钏儿说你着什么急，是你的就是你的，现在你去拿环哥和彩云去。宝玉说，管她们呢，我只守着你。没料到王夫人醒了，她忽地坐起来给了金钏儿一个嘴巴，说，好下作的小娼妇，好好的爷们都叫你们带累坏了。这是王夫人的霸道逻辑，她不说是宝玉挑逗金钏儿。宝玉一看，兔子一样吓跑了。金钏儿却遭殃了，王夫人不仅打了她，还坚决要将她撵出贾府。

当时贾府的丫环小厮们有这么一个观念：从贾府被撵出太丢人了，没法活了。所以金钏儿苦苦哀求，求王夫人不要撵她出去。但是王夫人铁了心，坚决把金钏撵出去了。这个金钏儿也是个烈性女子，选择了投井自尽。因为小姑娘平时很懂事，人缘好，所以贾府都很惋惜心痛，怜惜不已，宝玉更恨不能跟了去。王夫人也有些心疼，心里正不好受呢，宝钗知道了,就赶过来安慰。王夫人说:金钏把我的一件东西弄坏了,我一时生气,打了她几下,撵了她出去,原不过过几天就叫她上来,谁知她气性这么大,就投井死了,岂不是我的罪过。

宝钗怎么说?宝钗很会说话,她劝道:"姨娘是慈善人,固然这么想。据我看来,她并不是赌气投井,多半他下去住着,或是在井跟前憨顽,失了脚掉下去的。岂有这样大气的理。纵然有这样大气,也不过是个糊涂人,也不为可惜。"王夫人叹道,话虽然如此,到底我心不安。宝钗叹道,姨娘也不要老念念于此,十分过不去,不过多赏几两银子发送她,也就尽了主仆之情了。

你看,宝钗说的多有水平:一、金钏儿一定是失足掉下井的,不是赌气,所以跟太太你没有关系;二、她要是真赌气,也不过是个糊涂人,死了不足可惜;三、姨妈你慈善,要是心疼她,多给几两发送银子就完了。她倒是切实的安慰了王夫人,让王夫人不但不用不安,还可以认为自己是慈善的。

对贾母,这个贾府至高无上的权威,贾府的精神领袖,宝钗选择了恭顺温良,投其所好。她有机会就对贾母说,我来了这么几年,留神看起来,凤丫头凭她再怎么巧,也巧不过老太太去。这里的"巧",是聪明能干的意思。老太太当然很高兴了,说,我如今老了,哪里还巧什么。当日我像凤哥儿这么大年纪,比她还来得呢。接着贾母又对薛姨妈说,提起姊妹,不是我当着姨太太的面奉承,千真万确,我们家的四个丫头,全不如宝丫头。老太太因为喜欢宝钗"稳重平和",还自己拿银子张罗给宝钗过生日。整部《红楼梦》里,贾母自己拿银子张罗给别人过生日的,一共有两个人,一个是凤姐,另一个是宝钗,足以见贾母对宝钗的喜欢程度。

贾母让宝钗点戏,问她爱吃什么。宝钗怎么做?书中写道:"宝钗深知贾母年老人,喜热闹戏文,爱吃甜烂之食,便总依贾母往日素喜者说了出来,贾母更加欢悦。"让她点一出戏,她点的是《西游记》,后来再让她点,她点了《鲁智深醉闹五台山》,惹得从不忍心让女孩子生气的宝玉直抱怨："你只好点这些戏。"宝钗不单懂得揣摩老太太的心理,也有办法让宝玉也喜欢这戏。她说:"要说这一出热闹,你还算不知戏呢。这出戏的节奏韵律都是好的,里面的一首《寄生草》辞藻填得极妙。"宝玉就央求:"好姐姐,念给我听听。"宝钗念道:"慢揾英雄泪,相离处士家,谢慈悲,剃度在莲台下。没缘法,转眼分离乍。赤条条来去无牵挂。"宝玉听了,果然觉得是好词,这"赤条条来去无牵挂"也正迎合了他的某种心理,喜的他拍手划圈,称赏不已,赞宝钗无书不知。

第三十七回湘云偶然兴起,说要做东邀一起海棠诗社。她没有想到自己从小没有了父母,在家只能听叔叔婶子的,花钱做不得主。宝钗就跟她商量说:"单请做诗的姐妹,别人看着不太好。虽然只是个玩意儿,也要瞻前顾后,又要自己方便,又要不得罪了人,方大家有趣。在家你又做不得主,又要你婶子抱怨你了。依我的主意,我们当铺里有个伙计,她们家田上出的好肥螃蟹,前儿送了些来。这里从老太太起,连园子里的人,多半都是爱吃螃蟹的,你如今且把诗社别提起,只普通一请,等她们散了,咱们再作诗。我再要几篓极大的螃蟹,取几坛好酒,摆几桌果碟,岂不又省事,又大家热闹。"宝钗怕伤她自尊,又说,"你可别多心想着是我小看了你,咱们两个就摆好了,你若不多心,我好叫她们办去。"湘云自是心服口服,感动不已。日后说起来,这个总是说说笑笑、极少伤感的湘云还感动地掉泪说,从小没有父母,要是有这么个姐姐,诸事体谅,也不至于孤单了。

《红楼梦》中还有个人物是岫烟。她是邢夫人的侄女,因故来到京城贾府。邢夫人的为人基本没有人喜欢,但是她的侄女岫烟却是个难得的好女孩子,模样不用说,为人也通达从容,不卑不亢,连凤姐都疼爱。贾母就让她住在大观园。她家贫,别人大雪天不是穿大红猩猩毡就是羽纱缎斗篷,她只穿一件旧衣,拱肩缩背,好不可怜。宝钗便暗中接济照顾。岫烟把棉衣都送当铺当了,宝钗把她的衣服取了来,并不让人知道。后来岫烟嫁给了宝钗的堂弟薛蝌,是因为她感受到宝钗的宽厚细心。

　　黛玉一直把宝钗当作敌人，宝钗对黛玉怎么样呢？从第五回开始，黛玉感觉到宝钗能得上下人心，就有悒郁不忿之意。宝钗脖子上配有金锁，与宝玉金玉良缘的说法，黛玉觉得这对自己的感情是个威胁。所以，黛玉对宝钗是有机会就讽刺，如果宝玉说了让宝钗不高兴的话，她会面露喜色。比如，宝玉挨了贾政的打，薛蟠又跟宝钗闹了一顿。宝钗委屈便哭了。恰巧黛玉看到，就笑说："姐姐也该保重些，就是哭出两缸眼泪来，也治不好棒伤啊！"又比如，湘云对黛玉说："我是比不上你了。可是你能挑出宝姐姐的短处来，我就服你。"黛玉冷笑道："我当是谁，原来是她！我可哪里敢挑她呢。"宝钗吃的药是冷香丸，是她哥哥费尽心思才研制出来的。有一次宝玉说黛玉身上有香味。黛玉冷笑道："我便是得了奇香，也没有亲哥哥亲兄弟，弄了花儿朵儿霜儿雪儿替我炮制，我有的是俗香罢了。"湘云来了，宝玉和宝钗一起来看，黛玉便问宝玉从哪里来的，宝玉说从宝姐姐那里，黛玉冷笑道："我说呢，亏在那里绊住，不然，早就飞了来了。"

　　这样的冷嘲热讽俯首皆是。宝钗对此的态度是：或者装作没听见，或者跟黛玉开个玩笑，就过去了，不和她斤斤计较。但是，从第四十二回"蘅芜君兰言解疑癖"后，黛玉就再也没有讽刺挖苦过宝钗，而是把宝钗看做知己了。所谓的钗黛合一，就是从这一回开始。

　　那么，是什么缘故使得黛玉对一向戒备的情敌宝钗卸去了武装呢？

　　四十回，大家团团围坐，行酒令时要求说一句诗和一句现成话，黛玉怕说不出来输了喝酒，脱口而出两句话：良辰美景奈何天，纱窗也没有红娘报。读者知道这两句出自哪里吗？一个是《牡丹亭》，一个是《西厢记》。在那个对女子限制繁多、要"非礼勿听、非礼勿言、非礼勿视"的时代，有男女感情情节的就属禁刊，就是洪水猛兽。大家闺秀敢看这个，还当众说出来，可不得了！别人对黛玉的话没有在意，而宝钗却在意了。宝钗当时的表示是：扭头看了黛玉一眼，没言语。等到只她们两个的时候，宝钗卖了个关子，玩笑似的说："你跪下，我要审你。"宝钗又说，"好个千金小姐,好个不出闺门的女孩儿,满嘴里都说的是什么!"黛玉懵了。看黛玉没有了平时的伶俐尖刻,宝钗就拉她坐下,款款给她讲了一篇大道理,大意是:我们女孩子,不要看那些杂七杂八的书,乱了心性。如果真是这样,就不如不识字的好。既然现在识了字,也该看正经书。看那些杂书,乱了性情,就不可救了。女孩子的正经事还是针线纺织,这才是正理。

黛玉彻底服气了,她并不是认为这些书不该看,而是感动于宝钗没有当众揭穿她,给她难堪。她当时是又羞愧又感动,从不让人的她只有低头沉思的份。从这时起,她成了宝钗的"死党",她说:"我只当你心里藏奸。前日你说看杂书不好,又说我那些话,竟大感激你。要是我,再也不饶人的。往日竟是我错了。我母亲去世的早,又没有姐妹。我长这么大,还没有一个人像你前日的话教导我。"

宝钗对自己的哥哥也不护短。薛蟠被柳湘莲打了以后,薛姨妈着急地要下人们找柳湘莲报复,宝钗就说:"他们喝酒,酒后翻脸是常情,谁醉了,多挨几下子打也是有的。况且咱们家无法无天,也是人所共知。今儿偶然吃了一次亏,妈就这样兴师动众,倚着亲戚之势欺压常人。"一番话说的薛姨妈消了火气。

宝钗对人见人烦的赵姨娘也是礼节有加。赵姨娘是贾政的偏房,探春的生母。她没有别的事就喜无事生非,混打混闹,还曾经让马道婆用法魇住了凤姐和宝玉,差一点要了凤姐和宝玉的命。但宝钗的哥哥薛蟠从南方带来很多的土特产,分派送人的时候,宝钗并没有忘记给赵姨娘准备一份,于是这个从没有被别人正眼看过的人心里念叨开了:还是人家宝姑娘会做人,即展样,又大方,要是林姑娘,连正眼都不会看我们。

女人较之男人来说,感情更为细腻、敏感,所以,女人一定要善于运用自己的口才。卓越的口才、有技巧的说话方式,不仅是家庭幸福的法宝,更是披荆斩棘的利剑,增加个性魅力的法码。

打造黄金人脉,先从打造自己开始

生活中,有的人身上往往有一种魔力,像磁铁一样,在无形之中对他的周围产生巨大的吸引力,吸引人们不由自主地向他靠近,乐于与他交往。这种人往往是人脉高手。真正的做人脉者,会先从自己做起,而只有修炼好自己的优秀品质,人气才会向你聚集。

1. 宽容待人,敞开心胸不计较

袭人一直被领导、下人赞誉为人厚道,她从不与人结仇,能忍就忍,宽容待人。

比如,宝玉给袭人留的酥酪被李嬷嬷吃掉了,宝玉问起这茬,袭人赶紧用其他话混过。然而李嬷嬷仍不识趣,隔天又来寻袭人的不是,且一针见血地指出袭人"装狐媚子哄宝玉",刺中袭人心病,但袭人没有去跟对方理论,只是委屈地哭起来。她越不闹,越发显得李嬷嬷无礼,也越发显得自己委屈。她的弱势形象赢得了宝钗、黛玉一干人等的极大同情。晴雯出于妒意,也跟着冷嘲热讽,于是"袭人一面哭,一面拉宝玉道:'为我得罪了一个老奶奶, 你这会子又为我得罪了这些人, 还不够我受的?'"说得楚楚可怜。她为息事宁人,不愿宝玉再为这件事情理论,李嬷嬷日后自然要卖袭人一个人情。

再对比一下晴雯。宝玉在外面吃饭,看见桌上有豆腐皮包子,想着晴雯爱吃,就叫人送了回来,不成想宝玉的奶妈李嬷嬷跑来了,自说自话地就拿回去给她孙子吃了。宝玉回来问起此事，晴雯不假思索地表述了自己的不满，再经后事累积，宝玉气得又是要撵丫环，又是要逐奶妈，险些酿成一场大的风波。

袭人待下面的小丫头也宽厚，很少对哪个小丫头打骂，但晴雯对小丫环素来严苛，看不上眼的不但在言语上挤兑，甚至还动手打。王夫人第一次见到晴雯没留下好印象就是因为当时她正在责骂一个小丫环，让王夫人觉得她行为乖张。

对坠儿偷玉镯的事情更是如此，晴雯知道后，不顾有病在身，冷不防抓住坠儿，拿簪子使劲在坠儿手上扎，疼得坠儿哭爹叫娘。这还不解气，她还逮着一个老嬷嬷，命令她把坠儿的母亲叫来，把坠儿领走。坠儿的母亲来了，自然要求情，晴雯哪里听得进去？晴雯说，这里没有你说理的地方。任凭坠儿的母亲怎样求情也无济于事。坠儿就这样被晴雯撵出了大观园。

袭人素日待人周到，得罪人的事向来不出面，就是和那些老婆子们对话也是和容悦色的，她知道大观园里面的人太多，谁背后都有一个强势的支持者，以和为贵，才能长久。她想在贾府待一辈子，自然不能结小人仇恨，这点与平儿的想法是一致的。

同样是坠儿那件事，袭人明知坠儿有借，却不声张，一方面体谅了宝玉在女儿身上的良苦用心，保全了宝玉的面子，另一方面又照顾到病中的晴雯，两全齐美。

宽大的胸怀会让你积累很多的人脉，得到大家的尊重；而当你需要帮助时，大家也乐意伸手。请感激伤害你的人，因为他磨练了你的心态；请感激绊倒你的人，因为他强化了你的意志；请感激欺骗你的人，因为他增进了你的智慧；请感激蔑视你的人，因为他激起了你的自尊；请感激遗弃你的人，因为他教会了你如何独立。对待每一个人，都要怀着宽容和感恩的心，正如李嘉诚先生所言："凡事都留个余地，因为人是人，人不是神，不免有错处，可以原谅人的地方，就原谅人。"

　　宽容也是一门交际技术,它润滑了彼此的关系,消除了彼此的隔阂,扫清了彼此的顾忌,增进了彼此的了解。饶恕别人,不但给了别人机会,也取得了别人的信任和尊敬,让我们能够与他人和睦相处。

2. 控制嫉妒心,嫉妒对手不如和对手做朋友

　　身在职场,谁没被嫉妒过?几个人同时进入公司,你却早早地得到上司信赖,被委以重任;在团队合作时,你积极进取,不断地提出新的方案;年终岁末,你拿到比他人更多的奖金……这时,你会发现身边似乎总有几双充满敌意的眼睛,有人还常在工作中为难你。

　　而当你发现,自己一直以来努力争取的升职机会给了一位经验不如自己,入职时间比你短的同事;当你得知刚加入的新人的薪水竟只比你略低一点……此时,你的心里就像打翻了五味瓶一样,满满的不甘中甚至带着一丝嫉妒与恨意。

　　嫉妒心可以变成你的上升动力,但一味任嫉妒将自己吞没,只会让自己深中嫉妒之毒,伤害了自己。

嫉妒是女人最普遍的情绪

　　林黛玉到了荣国府后,贾母万般怜爱,寝食起居,都和宝玉一个规格,比迎春、探春、惜春这三个亲孙女还好。她还和宝玉青梅竹马,两小无猜,日则同行同坐,夜则同息同止,比别人都要好。可是偏偏来了个薛宝钗,年岁虽大不多,但是品格端方,容貌丰美,很多人都说黛玉比不过她。尤其是宝钗行为豁达,会为人,不像黛玉孤高自许,目无下尘,大家都更喜欢薛宝钗,连那些小丫头们,亦多喜与宝钗去玩。因此黛玉心中有些悒郁不忿之意,她嫉妒宝钗被更多人喜欢,嫉妒宝钗有母亲、兄长作伴,嫉妒宝钗有"金玉良缘"的金锁……所以她时不时地对薛宝钗进行冷嘲热讽。本就虚弱的身体,也因为嫉妒的煎熬更加虚弱,性格也越

发抑郁。

嫉妒心，从某种意义上来说，是人类的一种普遍情绪。职场是一个崇尚成功的地方，在职场这样一个卧虎藏龙之地，有人成功，就必然有人失败。失败之后所产生的由羞愧、愤怒、怨恨等组成的复杂情感和不平衡心理就是嫉妒。

德国有一句谚语："好嫉妒的人会因为邻居的身体发福而越发憔悴。"所以，好嫉妒的人总是在40岁的脸上写满了50岁的沧桑。

有一个人遇见上帝。上帝说："现在我可以满足你任何一个愿望，但前提是你的邻居会得到双份的报酬。"那个人高兴不已。

但他仔细一想：如果我得到一份田产，我邻居就会得到两份田产；如果我要一箱金子，那邻居就会得到两箱金子；更要命的是如果我要一个绝色美女，那么那个要打一辈子光棍的家伙就得到两个绝色美女……

他想来想去不知道提什么要求才好，因为他实在不想被邻居白占便宜。最后，他一咬牙说："哎，你挖我一只眼珠吧。"

故事中的主人为了不让别人白占便宜，而把自己置于一种心灵的地狱之中，折磨自己，但折磨的结果，却是自己也一无所得。这其实就是嫉妒心理在作怪。

嫉妒是心灵的枷锁，会将一个人牢牢拴住，让人们不但得不到任何好处，还会跌进痛苦的深渊中。正如巴尔扎克所说："嫉妒者受到的痛苦比任何人遭受的痛苦更大，他自己的不幸和别人的幸福都使他痛苦万分。嫉妒心强的人，往往以恨人开始，以害己而告终。"

心理学认为，嫉妒是一个人在个人欲望得不到满足时对造成这种现象的对象所产生的一种不服气、不愉快、怨恨的情绪体验。嫉妒心理是一种消极的、不健康的情绪或情感，产生嫉妒心理的原因至少有两个方面：一是不能接受别人比自己强的现实；二是权力欲、支配欲、占有欲强。

英国科学家培根曾经指出："在人类的情欲中，嫉妒之情恐怕是最顽强、最持久的了。"

古今中外，因嫉妒引起人际关系紧张的事件不胜枚举。一些伟人及科学家在晚年为了保住自己的权威地位，表现出的嫉妒心理给人类造成的遗憾和损失更是令人痛心。如牛顿嫉妒晚辈，压制格雷的电学论文发表；卓别林嫉妒有才华的导演，焚毁了惟一的《海的女儿》的电影拷贝；英国科学家戴维发现并培养了法拉第，然而，当法拉第的成绩超过戴维之后，戴维的心中不可遏制地燃起了嫉妒之火，他不仅一直不改变法拉第实验助手的地位，还诬陷法拉第剽窃别人的研究成果，极力阻拦法拉第进入皇家学会。直到戴维去世，法拉第才开始其伟大的创造。戴维本应享受伯乐的美誉，却因嫉妒心理阻碍法拉第的迅速成长，这不仅给科学发展带来了损失，也使自己背上了阻碍科学发展、使科学蒙难的恶名，留下了令人遗憾的人生败笔。

职场人产生嫉妒心理时，可能会表现出工作不配合、人际关系紧张、积极性降低等行为，如果这些现象长期存在，会严重影响其工作质量、人际关系，对个人和组织的发展非常不利。当员工之间的地位、能力相当时，如果其中一方获得上级的认可、升职、加薪或者学习机会时，可能会引起其他员工的嫉妒；有利益冲突的员工之间也容易产生嫉妒心，因为荣誉或者奖励是有限的，给了其他人，自己就会失去机会。

把嫉妒限定在适宜的范围内

女性员工比男性员工更容易产生嫉妒心，因为女性天生更感性一些，对外部的第一反应往往是情感性的。

因此女性员工一定要控制好自己的情绪，不要让嫉妒控制了自己的思维，做出一些损害别人的事情，破坏了自己的人际关系。

那么如何才能把嫉妒限定在适宜的范围内？

首先，要有阳光的心态，要有"人人为我，我为人人"的大爱思想。古人云"四海之内皆兄弟"，他人好也是自己好，同事进步也是自己进步。

第二，对待工作你只需要明白两点：自己的能力到底如何？你是否在尽力工作？因为这两个问题都与其他人无关。

第三，要树立终身学习的理念。要读书，从他人的经验中学习；要明
事，从日常的实践中学习。现代职场中团队合作精神尤为重要，所谓一
损俱损，一荣俱荣，发挥团队合作精神，首先要摒弃一些消极的嫉妒心
理。

第四，尝试每天去发现同事身上的一个优点，或者值得赞美的地方，
比如他的工作能力、文笔、口才等。或者直接赞美对方的发型、着装、脸
色等，这种赞美在最初可能不太自然，但一点点习惯后就会自然起来。

我们应该像戒烟一样把嫉妒心戒掉，随之你会发现，自己的心情逐
渐开朗，人也变得更自信。而当你发现周围的一切都变得越来越美好
时，你会感觉更加快乐幸福。

与其嫉妒对手，不如和对手做朋友

与其嫉妒对手比自己强，不如跟对手做朋友，从他身上学会更多东
西。把本能的嫉妒转化为进取的动力，把不平静的心态归于平静，把蔑
视别人的目光转到自己的短处上，嫉妒就会变成一种催人奋发的动力。

美国一位名叫阿瑟·华卡的农家少年，一直很嫉妒那些商界的成功
人士。有一天他在杂志上读了大实业家亚斯达的故事，很嫉妒亚斯达能
有这样巨大的成功，但转念一想，为什么自己要在这嫉妒呢？再怎样嫉
妒自己都不可能像他那样成功，何不向他请教，对他的成功经历了解得
更详细些，得到他的忠告，这样自己或许也能取得成功。

有这样的想法与动力后，他跑到了纽约，也不管几点开始办公，早上
七点就来到亚斯达的事务所。在第二间办公室里，华卡立刻认出面前这
位体格结实、浓眉大眼的人就是亚斯达，这让他兴奋不已。一开始，高个
子的亚斯达觉得这少年有点讨厌，然而听到少年问他"我很想知道，我
怎么才能赚到百万美元"时，他的表情变得柔和并微笑起来。两人谈了
差不多一个小时，亚斯达还告诉华卡该怎样去访问其他实业界的名人。

华卡照着亚斯达的指示，访遍了那些曾让他嫉妒的一流的商人、总

编及银行家。在赚钱方面，华卡所得到的忠告并不见得对他有所帮助，但是能得到成功者的知遇，给了他自信，他开始化嫉妒为奋进的动力，效仿他们成功的做法。

过了两年，这个二十岁的青年，成为当初他做学徒的那家工厂的所有者。二十四岁时，他成了一家农业机械厂的总经理。就这样，在不到五年的时间里，华卡如愿以偿地赚到了百万美元。后来，这个来自乡村的少年，又成为了一家银行董事会的一员。

华卡在以后的创业过程中，一直实践着他年轻时在纽约学到的基本信条：多与比自己优秀的人结交，把嫉妒别人转变为学习别人的长处，以此来帮助自己成功。

华卡的做法是值得我们学习的，我们可以把嫉妒对象当作对手，不去向他攻击而是向他挑战、学习。俗话说："只要功夫深，铁杵磨成针。"很多事情别人能干，自己也一样能干，而且可能会干得更好。

3. 欲取先予，学会送人情的技巧

有些人总认为自己首先能够"取"，然后才能"予"，殊不知，当自己"取"到的时候，"予"的价值就降低了许多，因为这时你的"予"不再是无私的帮助，而是给对方的一种回报。

对于那些懂得取舍的人来说，"欲取先予"是一种大智慧。得失之间的转化是需要时间和过程的，很多时候它并不能马上看到。我们要学会忍耐和等待，以长远的眼光对待眼前的"予"。那些深谙"欲取先予"奥妙的人，能让眼前的"予"发挥出意想不到的效果。

常言道："得道多助，失道寡助。"在生活中良好的人脉关系是我们取得成功的重要因素，而人脉是靠自己的无私帮助和努力换来的，你帮助别人越多，得到别人的反哺就越多，成功的概率也就越大。马云开创淘宝时的口号是"提供免费平台帮助大家开店",这让在成就了一大批成功的淘宝卖家的同时,也成就了马云自己,淘宝网成为中国最大的电子商务网站。所以说,竭尽全力地去帮助别人是每个人都应该主动去做的,如此等到你需要帮助的时候,会得到他人投桃报李的友好援助。

生命就像是一种回声,你送出什么它就送回什么,你播种什么就收获什么,你给予什么就得到什么,你把最好的给予别人,就会从别人那里获得最好的;你帮助的人越多,你得到的也就越多;你越吝啬自己的帮助,愿意帮助你的人就越少。

薛宝钗是贾府控制情绪的高手,更是一个人脉高手。她从不轻易流露出负面情绪,不像林黛玉,不懂得隐藏情绪,高兴就是高兴,生气就是生气,虽然心地善良,但因为常常闹点小脾气,被认为难以相处。宝钗不仅对每个人都很好,更懂得取悦上级,她过生日时,会专选贾母喜欢的甜腻食品和热闹戏文,有时会给大家一些礼物,让每个人都觉得宝钗是尊重自己的。

人性中第一个特点就是渴望被尊重,薛宝钗稳稳地把握住了这一点。

宝钗对袭人一直刻意拉拢,听说袭人手上活计多做不来,她便主动说:"我替你作些如何?"喜得袭人笑道:"当真这样,就是我的福了。"

而黛玉替宝玉做了那么多穿玉的穗子,随身的荷包、香囊,这些本该是袭人的份内之事,袭人却全不感恩,反而在私下里向湘云抱怨黛玉懒。

发生这种事的原因很简单,黛玉做得再多,也是因为她同宝玉的情份,非但不关袭人的事,甚至是将袭人排除在外;而宝钗做得再少,却是在帮袭人做,袭人当然会感激涕零。

黛玉是不知不觉地给自己树了敌人,而宝钗却是轻而易举地帮自己找了个线人。在这一种不动声色的较量中,宝钗胜出黛玉太多了。

不仅如此，宝钗还让自己的丫环莺儿认了宝玉贴身小厮茗烟的娘做干妈。如此，不论宝玉是在家还是出门，一举一动都自有人告知宝钗的了。

宝钗最善于用钱用物笼络人心。探春要起诗社，湘云听说后乐得要参加，李纨说要她来得晚，就罚她做东。没心没肺的湘云立刻答应了，可是宝钗知道，史湘云在史府被嫂子欺负，自己并没有什么钱，若为了这个诗社去问哥嫂要钱，少不了又要被奚落一番。于是她赞助了些螃蟹，帮助湘云解决了这个燃眉之急。所以史湘云到哪都夸"宝姐姐好"，四处宣传薛宝钗的好名声。

有一次，宝钗和探春想吃油盐炒枸杞芽儿，遂打发丫头拿了五百钱送与管厨房的柳嫂子。柳家的说："二位姑娘就是大肚子弥勒佛，也吃不了五百钱的去。"宝钗却说："如今厨房在里头，保不住屋里的人不去叨登，你拿着这个钱，全当还了他们素日叨登的东西窝儿。"感动得柳嫂子四处宣扬："这就是明白体下的姑娘，我们心里只替他念佛。"

薛宝钗对下人如此阔绰，所以贾府里有了什么风吹草动，她总是能立刻获知。刚听说金钏儿跳井死了，她就立刻去王夫人那里，因为给予最好的时候是别人最困难的时候。王夫人想找几件新衣裳为她装裹，偏巧只有林黛玉作生日的两套。王夫人遂说："我想你林妹妹那个孩子素日是个有心的，况且他也三灾八难的，既说了给他过生日，这会子又给人妆裹去，岂不忌讳。"宝钗听见了，忙说："我前儿倒做了两套，拿来给他岂不省事。"一面说，一面起身回去，立便拿了两套衣裳来。

这般坐言起行，王夫人岂有不感念，不觉得这孩子贴心懂事的？相比之下，她难免愈觉得黛玉小气。

要拥有良好人脉，就要自己先付出，锦上添花终不敌雪中送炭，帮助别人要选择最佳时机。

王熙凤病了，要吃"调经养荣丸"，需要上等人参二两。王夫人翻箱倒柜，只找出几枝簪子粗细的人参和一大包人参须末，而凤姐那里只有一些参膏。贾母手中虽有一些当日余下的"手指粗细"的人参，但拿到大夫那里一鉴别，说是由于年代太陈，药性已失，此时，偌大的贾府竟连二两人参都找不出来，薛宝钗一看，立刻说自家当铺有现成的，让人送了来。

当然，做人脉，仅用钱和物是不够的，最关键的还是用情。

薛宝钗就成功地用情感化了黛玉。她知道黛玉孤苦无依，最渴望关怀，所以没事就去看望黛玉。一日谈起黛玉的病，她说黛玉服了很久的药总不见好，推荐黛玉吃燕窝，竟然引出了林妹妹的一番肺腑之言："你素日待人，固然是极好的，然我最是个多心的人，只当你心里藏奸。从前日你说看杂书不好，又劝我那些好话，竟大感激你。往日竟是我错了，实在误到如今。细细算来，我母亲去世的早，又无姊妹兄弟，我长了今年十五岁，竟没一个人像你前日的话教导我。怨不得云丫头说你好，我往日见她赞你，我还不受用，昨儿我亲自经过，才知道了……"林黛玉说起自己的孤苦，宝钗也说起自己家里的不如意，两个人瞬间因相似的命运而倍感亲切起来。自此，黛玉真的就把薛宝钗当姐姐看，对薛姨妈也多了一份依恋。

薛宝钗的前期铺垫非常成功，这些前期投入最终都成了她在贾府站稳脚跟的有力支持。王夫人更是一手策划了薛宝钗和贾宝玉的婚事。

延伸阅读：

教你把"人情"送到位

以下五点，在送人情时，可供大家借鉴：

①不可过分给予。饮足井水者，往往离井而去，所以你应该适度地控制，让对方总是有点渴，以便让其对你产生依赖感。一旦对方对你失去依赖感，或许就不再对你毕恭毕敬了。

②不要给别人的恩情过重，否则会使人感到自卑乃至厌倦你，因为

他一方面会觉得自己无法偿还这份人情，另一方面会觉得自己无能。

③不妨对别人施以小恩小惠，不要让对方以为你在故意讨好他，否则，你施与的人情就不值钱了。

④对方不需要时，不要"自作多情"，因为这时你送人情会让对方感到多余，对方可能不会领你的情。

⑤送人情不能临时抱佛脚。你遇事抱佛脚而施与的人情是不值钱的，至多能把你所托之事办下来，下次有事再托时，还要重新送上情分。倘若对方办不了此事，或者你送的人情太小，抵不上对方所要付出的代价，对方便不会轻易领你这份情，甚至会干脆回绝你这份情，让你讨个没趣或尴尬。